JN260224

ドッグ・トレーナーに必要な

「複数の犬を同時に扱う」テクニック

犬の行動シミュレーション・ガイド

A Must for dog trainers

ヴィベケ・S・リーセ ［著］
藤田りか子 ［著・写真］

Vibeke Sch. Reese ［Author］
Fujita Rikako ［Author］

INTRODUCTION

[はじめに]

ヴィベケ・S・リーセ[著]

　この本は、「群れ」がテーマです。群れといっても、犬が2頭以上集えば「群れ」です。日本でも、家庭で2頭以上の犬たちと暮らす人は多いのでは？

　また、たとえ1頭しか飼っていなくても、友人の犬と遊ばせたりドッグランに行ったりしたら、そこでは「犬の集団行動」（群れ）とつき合う必要が出てきます。そう、家庭犬と暮らす以上、そして犬が仲間と集うのが好きな動物である以上は、どうしても「犬の群れ」のメカニズムとそのダイナミズムを理解する必要があります。

　この「群れ」を理解するには、当然犬のボディランゲージを読めなくてはいけません。犬同士を遊ばせていて、片方の犬が何かを独占しようとしたとき相手を警戒するなど、折々の機会で、犬の様々なシグナルと反応を観察することができます。これらシグナルを読み理解したら、私たちはどう責任ある適切な行動を取るべきか、ぜひこの本から学んでほしいと思うのです。

　たとえば犬同士のケンカという問題をどう解決したらいいか。これはボディランゲージを確実に読めるようになれば、たいていは改善されるはずです。ただし私の過去のケースを扱ってきた印象では、非常に多くの飼い主は何かが起きるまで放っておきすぎています。つまり犬がすでに攻撃性を見せてから、どうすべきだったのかと相談を持ちかけてくるのですね。でも攻撃性を見せた後では遅いのです！ 攻撃行動を学べば学ぶほど、それを癖として行動を身につけてしまう犬も出てきてしまうし、攻撃を受ければ受けるほど、より怖がりの犬になり自分を守ろうとして攻撃行動を発達させるようになってしまいます。私たちは愛犬に、絶対にそうなってほしくないわけです。

　ですから、「攻撃行動をどう対処すべきか」という問いに対する私の答えは、攻撃性を見せる前兆のシグナルを読めるようになること。そして攻撃行動を見せるまえに、止めておく。あるいは「これ以上遊びの興奮が高まったら、攻撃に発展してしまうかもしれない」と判断できる「犬感覚」を磨くことです。

　複数の犬を同時に扱うことにおいて、いくつかの注意点をこの本では挙げています。多くの飼い主は、もう一頭いれば愛犬が退屈がらずにすむとか、犬を飼うのがより楽になると考えがちです。それで2頭飼いをはじめる人も少なくありません。しかし単頭で飼っているのともう1頭増えるのでは、生活は多いに異なってきます。犬が複数集まれば、彼らはより犬同士の世界に生活の重きを置くようになります。しかし、一緒に暮らす以上、人間の社会に犬たちが適してもらう必要がどうしてもでてきます。だからこそ、犬同士が人間を退け、互いに徒党を組んでしまうようになっては、その達成が非常にむずかしくなるのです。ですから、多頭飼いとはいえ単頭飼いと同様あるいはもっと努力をして、個々の犬たちとの関係と絆を築く必要があります。そこで、ちまたで言われている「リーダーシップ」とは何かについて、今回はより深く考えてもらいたいのです。リーダーシップについては、一章全編に渡って私の考え方を述べています。

　私は、キツネという犬科の動物でありながら、犬とは異なる生活パターンを持つ動物と今暮らしています。彼らは子育てしている間を除いて、犬のように群れを作って暮らすことはありません。その群れの習性を持たない彼らに対しても、私は良きリーダーシップというかガイダンスを発揮する必要があります。さもなければ、共に暮らすことはできないでしょう。しかし、単独生活者のキツネですから、私はちまたで言われている「オオカミのアルファ」論を使って、彼らと接することはありません。誰が先にドアを出るかなど、キツネにはどうでもいいことです。もちろん私は、犬に対してもアルファ論を使うわけではありませんが…。

　よきリーダーとして彼らをガイドするには、キツネ目線の尊敬の念をこちらが見せる必要があります。たとえば、いち早く彼らの「人を避けたいシグナル」を発見したら、それを出したときにちゃんと応えてあげる

といったような。すると信頼感が生まれ、必ず後になって協調してくれるのですね。トラを動物園で訓練したときも同様でした。犬も私たちが犬目線の尊敬を払えば、必ず私たちのガイダンスに従い協調をしてくれます。これが私のリーダーシップ論の根底にあるものです。

　もうひとつ、多頭飼いをこれからしようとしている人に私の経験からアドバイスを。もしかして、多頭飼いをしない方がいいという場合もあること。私は今アスランというスイス・ホワイトシェパードを一頭飼っているのみです。そして彼が生きている間は、他の犬を得ようとは思っていません。アスランはクリニックの住民ですから、いろいろな犬が外からやってくるのに慣れています。しかし24時間そして毎日、他所の犬と接することに興味があるわけではありません。クライアントの犬たちに対しても、丁寧に犬語であいさつした後、あまり関わらないよう無視を決め込んでいます。私は彼の気持ちを尊重したいと思っています。

　アスランが来る前に、私はジャーマン・シェパードのコーラと非常に深い絆を築いていました。しかし若犬のアスランがやってくると、しつけ訓練に時間が割かれて、以前ほどコーラに集中できなくなってしまいました。確かにコーラはこの新参者を認めたものの、彼女の目の中に何か寂しさが漂っているのを私は感じていました。しつけ訓練を考えると、どうしても新しい犬に神経が集中してしまうのは止むを得ないことです。ですので、先住犬に悲しい思いをさせたくない人には、2頭以上で犬を飼うのはあまりおすすめしません。

　しかし、犬の群れ行動を見る努力は決して惜しまないように！　ボディランゲージを学べる素晴らしい機会となるからです。

ヴィベケ・S・リーセ　Vibeke Sch. Reese

　1964年生まれ。デンマーク・オールボー出身。北ジーランド動物行動クリニックを営む。創設当時（1996年）、デンマークでは初の行動心理に即したコンサルティングやトレーニングを行う。ドッグトレーナー教育、パピーテスト、問題犬のコンサルタント等を行う。サービスドッグ公認訓練士。カーレン・プライアー・アカデミーの公認クリッカー訓練士。犬のボディランゲージのセミナーは、デンマーク、日本、ポーランドで好評。

　高校卒業後、オールボー動物公園にて4年間主に大型肉食獣担当の飼育係を経て、動物行動学者ロジャー・アブランテス・動物行動学協会にて教育を受ける。結婚後、アメリカ、スウェーデンなどに頻繁に出向き、オオカミの行動について独学。アメリカの動物学者、オペラント条件に基づいた動物訓練者で世界的に有名なボブ・ベイリーの元で、学習心理の論理習得と実践について修行。現在、半家畜化したギンギツネを3頭飼い、犬との行動の違いを観察している。

CONTENTS

[目次]

ヴィベケ・S・リーセ[著]、藤田りか子[編集・写真]

はじめに ……………………………………………………………………………… 02

Chapter 1 犬の群れとリーダーシップの必要性　07

- 1-1. リーダーシップについて私が思うこと ………………………………… 08
- 1-2. 人の立ち位置 …………………………………………………………… 09
  - ●アルファ、リーダー、そして「ガイド」　●どうして人はアルファになれないのか
- 1-3. リーダーシップを取り違えると反抗的になる ………………………… 10
  - ●間違ったリーダーシップ概念の例　●オオカミの群れの観察から
  - ●お薦めできないリーダーシップ法
- 1-4. 犬の立ち位置 …………………………………………………………… 12
  - ●「犬らしく扱う」と「犬を下位に置く」は別のこと
  - ●「犬という動物」として厳しく育てるのか、「人間の子ども」のようにやさしく扱うのか
  - ●やってほしくないことを犬がしたときの対処法
- 1-5. 犬が何度も飼い主を試してくるのはなぜか？ ………………………… 13
  - ●やっていいこと、いけないことの枠組み　●犬はこうして自制心を学ぶ
- 1-6. 犬の心を解放する「ルール」＆「しつけ」という方法 ………………… 15
  - ●枠組みを知ってもらえば、犬はより自由になれる！
  - ●ルールはステップ・アップ方式で伝える　●枠組みは各家庭で違っていい
- 1-7. 言うことを聞いてくれない原因はここにもある ……………………… 16
  - ●「犬にバカにされる」とか「下に見られている」と思ったら…
  - ●子犬期の呼び戻しレッスン
- Column 犬のしつけにまるわる様々な迷信 ……………………………… 19
  - ●人より先に、犬が食事をしてはいけない？　●散歩で、犬に前を歩かせてはいけない？
  - ●引っ張りっこ遊びで、犬に負けてはいけない？　●人の座る場所に、犬がいてはいけない？
  - ●ベッドで一緒に寝てはいけない？

Chapter 2 多頭飼い犬の行動シミュレーション　21

- 2-1. 序列がわかるファミリードッグのあいさつ …………………………… 22
- 2-2. ボス犬が見せるトップとしての誇示行動 ……………………………… 28
  - ●ボス犬に問われる品格
- 2-3. 中堅から下位ランクの行動パターン …………………………………… 29
  - ●中立な立場でいたい犬　●ケンカっ早い犬
- 2-4. 人に守られているときの行動パターン ………………………………… 32
  - ●トップ交代の時期に飼い主がすべきこと
- 2-5. 子犬の特権 ……………………………………………………………… 35
- 2-6. 特殊な立場の犬 ………………………………………………………… 36
  - ●カロの場合（若者の志向についていけない、年老いた犬）
  - ●コリーの場合（異質な境遇に育ち臆病がゆえに、群れへ馴染めない）
  - ●マーヤの場合（誰にでも腰が低く、いじめの対象にならない）
  - ●犬のケンカは飼い主が止めるべきか
- 2-7. 群れの秩序と序列 ……………………………………………………… 40
  - ●群れのランク順と、物事の優先権はリンクするのか
- 2-8. 性格が180度変わる犬 ………………………………………………… 43
  - ●臆病者のコリーが、野原では皆と楽しく遊べるのはなぜか
  - ●精神的に追い詰められている犬　●牧羊犬の吠え声コントロール
  - ●下位の犬同士、コリーとマーヤの行動の違い

| Column | 上手に多頭飼いをするためのポイント | 45 |

- 多頭飼いの犬が「勝手な行動」をしやすいわけとは？
- 多頭飼いの犬が、より野生の感覚を取り戻してしまった例
- 多頭飼いされていた犬を、1頭だけ引き取ることのむずかしさ　●保護団体の場合も同じ

Chapter 3　一時的に集まった飼い犬の行動シミュレーション　47

3-1. ドッグランでの行動心理　48
- 犬たちの遊び方やそこから読み取れる性格　●ドッグランの問題児
- ケンカのシグナルは、早くから出ている！

3-2. ドッグスクール（しつけ教室）での行動心理　55
- ドッグスクールでの犬の群れの統制の仕方　●怖がりやの犬を教室に入れるかどうか
- 知らない犬同士を会わせるときのうまくいくコツ　●ケンカが起こりそうなときの対応

3-3. 犬の保育園（一時預かり所）での行動心理　65
- 定期的に会っている、知り合い犬同士の遊び方
- 遊び相手に良い、犬の相性と組合せとは？　●預かり犬たちをコントロールする方法

【中大型犬の行動シミュレーション】　68
- 緊張感ある一触即発の会話　ケンカが起こるかどうかの瀬戸際シーンを見てみよう
- 割って入る犬が「おまわりさん役」とは限らない例　仲間に入れてほしいバーニーズの場合
- 俊敏な犬と、スローペースな犬の会話　動きの速度が合わない犬同士は、遊びに発展するのか
- プレイバウの行動心理
- 俊敏な犬同士の激しい遊びの会話　走りまわる狩猟ごっこ「サイトハウンド遊び」を見てみよう
- 誘いをかわすのがうまい犬、シンバの話術
  　遊びたくない相手に誘われたら、どう断ると角が立たないのか
- 腰の低い犬、ペプシの勘違い話術　謙虚にしていればケンカに巻き込まれないなんて大間違い
- 鼻を突き合わせて固まる瞬間の行動心理　よく見かけるこのシーン、2頭の間で何が起きようとしているのか
- 体当たりが好きな犬の「格闘遊び」、ティニーの場合

【小型犬の行動シミュレーション】　84
- 群れに馴染めない犬　いじめられているのでもなく、仲良くするでもないのはなぜか
- ゴマすり犬、サーシャの場合　ボスへのご機嫌取りは、吉と出るか、凶と出るか
- 群れの見回り犬、アイラ　気弱な彼女が、群れの監視役を買って出るワケ
- ひとりでも楽しく過ごせる犬、ドリス　プードルらしい行動がここに伺える
- メス犬のボス、アリスの場合　元ストリート・ドッグは、会話も巧み！
- 監視のマトになりやすい犬、オッレの場合　アクティブでやんちゃな犬は、ボス格にどう接するのか？

| Column | 犬の世界にもある「いじめ」に注意！ | 95 |

- いじめを止めさせる方法とは…

Chapter 4　犬種による遊び方の比較シミュレーション　97

4-1. 遊び方にも犬種による個性がある　98
- サイトハウンド系の場合　●マスティフ系、ブル系の場合　●牧羊犬種の場合
- テリア系の場合　●愛玩犬の場合

4-2. ボーダー・コリー姉妹との出会いに見る遊び方比較　100
- ローデシアン・リッジバッグ、バッセの遊び方　●ボーダー・コリーの「際どい」遊び方
- スイス・ホワイト・シェパード、アスランの遊び方

4-3. 似たもの同士の遊び方シミュレーション　115
- マスティフ系とハウンド系のミックス　2頭のローデシアン・リッジバッグの遊び
- 牧羊犬種の遊び　ボーダー・コリーとシェットランド・シープドッグの場合
- もちろん例外もある！　体形もスピードも違う犬種同士でも仲良く遊べる事例
  　ボルゾイ（サイトハウンド系）とコーギー（牧羊犬種）はどうやって遊ぶのか

CONTENTS

4-4. レトリーバー独特の行動シミュレーション ……………… 121
- ●ラブラドール・レトリーバーの場合　●ゴールデン・レトリーバーの場合
- ●フラット・コーテッド・レトリーバーの場合

4-5. 鼻ペチャ犬の遊び方シミュレーション ……………… 126
- ●鼻ペチャ犬の平たい顔に慣れてもらおう！　●短吻種の飼い主ができる2つのこと
- ●自分は短吻種を飼っていないからといって、他人ごとではない話
- ●フレンチ・ブルドッグのエッヴェと短吻種を苦手とする犬、マックスとの会話
  攻撃性はいきなり生まれない！(犬がフラストレーションを積もらせる過程)
- ●これからフレンチ・ブルドッグを飼いたいと思っている人へ
- ●フレンチ・ブルドッグのエッヴェと短吻種の心が読める犬、アスランとの会話
- ●陽気に誘うパグと、遊びたくないダックスの場合

4-6. 小刻みに走る小型犬の遊び方シミュレーション ……………… 142
- ●小型犬の細かい動きは、大型犬の捕食本能を呼び覚ます
  シーズーのハリーとパピヨン・ミックスのミッケルの遊び／追いかけ役と追いかけられ役の交代の瞬間
- ●小型犬の吠えは、飼い主が助長している？
- ●小さなスピッツ「ポメラニアン」らしい行動シミュレーション
  番犬気質は今も健在！　ダッフィとポメラニアン2頭の場合／ポメラニアン気質
- ●このエピソードから学べること
  ポメラニアンを上手に飼うコツ／小型犬の飼い主に共通の心構え／助け船を出すときは

Chapter 5　犬を群れに慣らすレッスン　155

5-1. 暴れん坊の若犬を群れで遊べる犬にする ……………… 156
傍若無人な若犬マイヤに対処する、経験ある年老いた賢者、
ゴールデン・レトリーバーのラムラス。年上の犬から学べること。
- ●飼い主ができること

5-2. 群れに入れる前に強化したい一頭一頭との協調関係 ……………… 170
- ●なぜ散歩でレッスンをするのか　●成犬の街歩きレッスン、マックスの場合
- ●地面を嗅いでばかりで散歩が進まないときはどうするか？　●繰り返し教えることについて
- ●悪いことをしようとする直前のボディランゲージに気づけるか
- ●出会った犬に飛びかかる癖はどうしたらいいのか　●人ごみを、上手に歩くコツ
- ●散歩中に他の犬に出会ったら、どうするべきか

藤田りか子［著］

Chapter 6　世界の犬学者たちの「リーダーシップ」に関する見解　181

6-1. リーダーシップ論はここからはじまった ……………… 182
6-2. 犬をオオカミに置き換えて考えるのは正しいのか ……………… 184
- ●オオカミに置き換えてはいけないと学者が考える理由
- ●本当にオオカミは階級を持っているのか
- ●いや、しかし、犬には順位制はある！
- ●野犬ではどうだ？
- ●野犬にも見られた「ボトムアップ」のリーダーシップ
- ●行き過ぎた最近のリーダーシップ論

あとがき ……………… 190

第1章

犬の群れと
リーダーシップの必要性

BODY LANGUAGE　　　　　　　　　　　　　　　　Chapter **1**

「群れのアルファになる」とは昨今の犬世界の「流行」文句でもあります。
はたして、人間はアルファになることができるのでしょうか。
犬の群れと私たち飼い主の関係を、どう捉えたらいいのでしょうか。

1-1 リーダーシップについて私が思うこと

Vibeke's view on Leadership

家庭に犬が２頭以上存在していれば、犬たちは当然、飼い主よりも犬同士のつながりの方をおもしろく思うに違いありません。何といっても同じ種同士。お互いにわかり合える言葉をしゃべれるからです。

取っ組み合いはおもしろいし、食べ物をテーブルから盗んだからといって、相棒は怒ったりしません。相棒は飼い主と違って、おもしろいニオイを見つけるのも上手です。自分たちにとって良かれと思う行動を、お互いに助長し合えます。

相手を見ながら、学習してしまうこともあります。その行動は必ずしも、飼い主にとって有り難いものではないかもしれません。

だからこそ多頭飼いする場合には、飼い主は個々の犬たちとよりいっそう強いつながりを持っていなければならないのです。群れの一頭ずつと強いコンタクト（絆）を持てないで、どうして多頭を制することができるでしょうか。

これからこの本で私が述べるのは、群れをいかにコントロールするかということですが、一頭飼いであれ多頭飼いであれ、私のメッセージに変わりはありません。

・飼い主は個々の犬と「信頼関係」を結ぶこと
・個々の犬の「ガイド役」となっていること

多頭飼いの飼い主であればなおさら、この役割を強く意識して犬たちに臨むべきです。なぜなら、犬は群れでいると仲間同士のやり取りに夢中になってしまい、飼い主の存在など食べ物と散歩に出してくれさえすればどうでもいいと思うようになってしまうからです。となると、いざというときにコントロールができなくなります。

犬たちを野放しにし、何も心を通わすことのない状態でも構わないというのなら、それでもいいでしょう。しかし、そんな「野蛮な」群れを家庭に置いておくのは、あまり現実的ではありません。しつけられていないがゆえに、散歩すらできない状態です。

犬の群れと調和して暮らすためにも、飼い主のはっきりとした立場が必要です。しかし、私は決して犬を下に敷けとは言っていません。つまり、ここで一般に言われているオオカミの階級論を引き出すつもりは毛頭ないということです。というのも私は、「犬は常に上位に立とうとして、結果人間を支配下に置く」というような、ばかげた階級視点で犬と人間の関係を見ないからです。そのことについて、以下に詳しく記載します。多くの飼い主がこのことについて、非常に混乱しているようです。

1-2 人の立ち位置

アルファ、リーダー、そして「ガイド」

　愛犬には、人間がお願いしている「ルール」の中で生きてもらっています。そして、そのルール作りと学習をさせることが、私たち飼い主の役目でもあります。しかし、そこに私は「群れのアルファにならなければならない」などの余計な概念を、わざわざ入れこむ必要はないと思うのです。こちらとしては単にルールを守ってもらいたいだけですから。

　私は飼い主を「ガイド」と呼んでいます。そしてリーダーとか、リーダーシップとか言う言葉は、できるだけ使わないようにしています。階級を元にして犬に接していると、勘違いされるからです。しかし、もっとも、何と呼んでもいいと心の中では思っています。大事なのは、コンセプトをどう解釈しているかです。なので、気をつけていても私はうっかり、時には リーダーシップという言葉を使うし、本書にもそこここに出てきます。しかしそれはあくまでも「ガイド役」という意味でのリーダーシップであり、階級を元にして言及しているのではありません。

　そう、飼い主と犬との関係は、果たして群れのアルファとか、地位が上とか下とか、そういう問題ではないと思うのです。だから私にとっては不思議で仕方ありません。なぜ世の中の人々は「犬と上下関係をはっきりさせなければならないのか」とかあるいは「犬の世界にはアルファは存在するのかどうか？」などといった質問にこだわり続けているのか、と。

どうして人はアルファになれないのか

　「犬の社会に、リーダーはいるのか、いないのか」というのは、犬学で、そして訓練の世界で、今とてもホットな話題です。犬の世界には確かに、状況によって、群れのアルファ（リーダー）は存在します。しかし、人間が犬のボディランゲージを完全に真似できないというハンデがある限り、この際、動物生態学的にアルファが犬の世界にいてもいなくても関係がないと、私は思うのです。これは私の気持ちの中ではっきりしていることだし、それに犬を観察していれば明らかな事実です。

　犬同士であれば、微妙なボディランゲージを理解できます。でも私たちには無理です。アルファと見なされる犬ならではの独特のボディランゲージがあります。アルファ個体が下位の犬たちに時々見せつける行為、あるいは戒める行為は、犬だからこそ上手にそのボディランゲージを見せられるし、犬だからこそ正しくアルファの行っている行為を理解できます。そしてお互いに正しく反応して、その反応にさらに犬らしく応えるのです。

　しかし私たちにとって、彼らの微妙なボディランゲージを読んだり、真似したりする能力は限られています。それに感情がどうしたって、完全に犬モードになりきれません。犬にとって大事なことは（たとえば相手の犬を怖いと思ったり、獲物としておもしろい物体が向こうにある、など）、時に人間にとって、どうでもいいことが多すぎます。それにつき合って生きてゆくには、私たちの脳はあまりにもフィルターがかかった状態です。つまり、必要な情報とそうではないものを、瞬時にフィルターで取り除いてしまうことにすっかり馴れてしまっているのです。それも無意識に行っているのだから、ほとんど制御不可能です。いまさら我々は犬になれっこありません！

　それに何といっても、私たちと犬との間では協調関係さえ築ければいいのだから、階級とはまた別の次元の問題です。ただし、人は日頃の生活の中で、犬がすべきことについてのガイダンス（手引き）を与えることはできますし、それこそが飼い主の役割でもあると思います。さもないと、人は犬と共存できなくなってしまいます。勝手放題にさせてしまえばこちらのイライラは募るし、犬からのすてきなコンタクトも得られません。ガイダンスを与えて犬に協調してもらう、その協調してくれる犬の気持ち（一緒に何かをしよう！という気持ち）が、すなわちコンタクトなのです。

No.a003

1-3 リーダーシップを取り違えると反抗的になる

間違ったリーダーシップ概念の例

人間は犬になれません。絶対になれません。なのに、この世にはあまりにも、犬の真似をしたがる人がいます。さらに困ったことに、犬のトレーニング界には、犬やオオカミですら行わないアルファ役を買って出ようとする人がいるのです。

たとえば、犬のしゃぶっている骨を取り上げます。もし唸れば、犬の体を床に倒して服従姿勢を強要しようとします。

その犬の飼い主Aさんは、「私に対して、犬は絶対に唸ってはいけないのですよね。だって私は、群れのリーダーでなければならないから」と説明してくれました。しかし私はこう返したのです。「そのやり方を続けていけば、犬はますますあなたから信頼を失ってゆくでしょう。唸ることに対して叱ったからって、犬はあなたのことを決してリーダーとしては見なしませんよ」と。

その後、あるトレーナーがAさんの言う通りの方法を行い、この犬に関わって、咬まれてケガをしました。

せっかくかわいがっているのに、その犬が唸れば、人は誰しも驚くはずです。特に初心者飼い主であれば、そのショックはなおさら大きいはずです。

しかし唸る行為というのは、一般に言われるほど地位の高さを示すシグナルとは限りません。唸るシグナルとはすなわち「私から距離をあけてくれない?」のようなシグナルと解釈してください。権威を見せつけるシグナルではないのです。

もっとも、ほとんどの攻撃行動は「あっちへ行って!距離を開けて!」シグナルです。要は、誰も寄せつけたくない、というわけです。

そして特に一旦自分の口にした物であれば、いくら順位制がはっきりとしたオオカミの群れにおいてでも、下位のオオカミは自分の権利を主張して、マズルにしわを寄せて唸ります。絶対に他のオオカミに取らせません。というか、アルファのオオカミですら、下位のオオカミの口にあるものは遠慮します。

オオカミの群れの観察から

No.a004
群れの下位であるウォルフが休んでいるところに、オカミがやってきた。ウォルフはすでに、オカミが近づいている状態が嫌だという意志を示し、耳を後ろに引いている。そして唸る。

No.a005
しかしオカミは、ウォルフの警告にお構いなしで近づいてきた。

No.a006
「嫌だと言っているじゃないか!近づくな」と、ウォルフはオカミに牙を見せた。

> 嫌だと言っているじゃないか!近づくな。

No.a007

> 離れてくれって言っているのが分からないのか!

「離れてくれって言っているのが分からないのか!」と、ウォルフはさらに彼のメッセージを強化するべき、マズルにしわを寄せ自分の意志を見せる。耳はさらに後ろに寝かされ、体は低い。ウォルフの姿勢は下位のオオカミそのものだが、「距離を開けてくれ!」というシグナルは、ランクの上下関係なく、どの個体からもどの個体に対しても発せられる。犬も距離を開けてほしいときに、同じシグナルを見せる(しかしオオカミのシグナルの出し方の方が顕著だ)。このシグナルを、人間は「犬に牛耳られている!」などと勘違いしないように。

Chapter 1 BODY LANGUAGE
犬の群れとリーダーシップの必要性について

No.a008

　それから、何を口に咥えているかにもよります。その犬にとって非常に大事なものであれば（生肉のついた骨など）絶対に譲りませんが、布切れや棒であれば、誰かがほしいと近づいてきたら簡単に口から吐き出すこともあります。これも順位とは関係ありません。

　いずれにせよAさんの犬は、Aさんを信頼していなかっただけです。「もしかして、この大事な骨が取られてしまうかもしれない！」。だから犬としてはぜひとも自分を防衛して、骨を守らなければならなかったのです。Aさんが言うに、叱れば叱るほど彼の唸りがひどくなったとのことですが、もっともです。

　犬は、Aさんの怒りを「僕の骨がほしいから、怒りだしているんだ！」と勘違いをしているのです。つまり、骨を取る競合者として見なしていたということ。犬は別にAさんの上に立とうと思っているわけではありません。

　犬の唸りは人間にとってかなり「激しい」怒りの音に聞こえます。だから、ついつい人間モードで考えてしまい、私たちを牛耳ろうとするシグナルと思いがちですが、先述した通り、唸りの多くは「居心地が悪いの。距離を空けてくれる？」シグナルにすぎません。と考えれば、あまり順位は関係ないのが納得できるでしょう。むしろ臆病者こそ、唸るのです。誰にも自分の平和を侵されたくないのですから。

No.a009

お薦めできないリーダーシップ法（その1）

　仰向けに寝転がして犬に「私が上なんだよ」と伝える方法は、決して薦められません。犬の性格によっては、かえって怖がらせてしまい、飼い主への信頼を失わせてしまうでしょう。リーダーである「形」だけをこのように犬に示しても、人間は犬ではないのだから、決して犬は従いません。それよりも、犬から信頼を得て、彼らからついてゆきたいと思わせなくては！

No.a010

「言うことを聞かなければ、こうしてやる！」

お薦めできないリーダーシップ法（その2）

　ヘッド・シェイクとか、スクラフ・シェイクとも呼ばれるこの方法。犬の頭をむんずと掴み、そして振る。この際に、犬をぐっと睨み「誰がボスなのか、分かっているのか！」というメッセージも伝えなければならない。欧米で70年代に「流行った」、人間のアルファ役を犬に見せつけるための方法だ。こんな激しい方法で罰っせられ、おまけにまともに眼を見られる。気の弱い犬なら、かえって飼い主のボディランゲージを怖がって反撃してくるかもしれない！　危険、危険！

1-4 犬の立ち位置

「犬らしく扱う」と「犬を下位に置く」は別のこと

　犬の自然な行為だからこそ唸らせてもいいのかと言えば、そういうものでもないでしょう。そこが「この文明社会に生きるゆえ」の定めなのです。唸り、あげくの果てに人を咬むような犬は、社会が許しません。子どもがうっかり食べ物を落として、犬がそれを拾ったとします。それを取り返そうとしたときに子どもが咬まれてしまう、なんて事故はありうるわけです。

　ですから私たちには、この人間社会に住んでもらうために、彼らに正しいルールを伝えるガイドとしての役目があるのです。

　そしてAさんはガイド役になるべく、私のところにカウンセリングに戻ってきました。何はともあれ、Aさんは犬に信頼をしてもらわなければなりません。

　私が指示したのは、犬が骨をしゃぶっていても放っておけ、ということです。決して以前のように、彼のそばにいかないこと。Aさんは自分のリーダーシップという権威を見せようと、何度も犬のそばに行っては叱っていたそうです。

　まずは、犬に安心してもらいます。「この家には、誰も僕の骨を取る人などいないのだ！」と。誰も来ない、と犬が安心したところで、少し距離を開けて犬のそばを通ります。徐々に、Aさんの存在に慣らしてゆくのです。そして犬から、「骨を取らない！」という信頼を得ます。時間はかかりますが、最終的にはそばに行って、それでも唸らなかったら、骨と同じぐらいおいしいトリーツを手のひらに見せ、Aさんの手に慣らしてゆきます。

「犬という動物」として厳しく育てるのか、「人間の子ども」のようにやさしく扱うのか

No.a011

　私はここまで「いかに犬の気持ちになるか」を主張しつづけてきたわけですが、これは決して犬のしたいようにさせるという意味ではありません。これを勘違いする人が非常に多いのは残念です。「よく犬の気持ちになって…」を、「人間の気持ちになって」と解釈する人がいるのも事実です。

　それで世の中には、犬との接し方について、大雑把に分け対立するふたつの考えが存在します。たとえば「犬を犬という動物として育てる」ｖｓ「犬に人間の子どもに対するようにやさしく接する」。

　前者派の「犬を犬という動物として育てる」というのは、飼い主がリーダーであり、犬を絶対に上位にあげてはいけないと考える派、というように一般では信じられています。一方で後者派は、幼い子どもに接するように、犬を叱らないで育てる人、と解釈されています。

　いずれにしても極論です。私なら、「犬を犬らしく育て、かつやさしく接する」と答えるでしょう。

　その真意はこうです。私にとって犬を犬らしく扱うというのは、犬を下位に位置づけるということではなく、先ほどの骨をしゃぶりながら唸る犬のところで説明したように、犬が「宝物」を守ろうとして唸るのは当たり前、というような動物目線で発想してあげることです。犬の立場に立って、犬にやさしいやり方を編み出すこと。それが、Aさんにアドバイスしたことです。叱るのではなく、私たちの存在に馴れさせ、私たちが犬の脅威になっていないことを何とか伝えてあげます。

　それから「やさしく接する」というと、時に犬が好きなように振る舞わせるというようにもとらえられがちです。これは「ポジティブ・トレーニング」はトリーツ漬けの単なる甘やかし、と犬の階級を重んじる派閥のトレーナーに誤解される所以です。

　ここでの私の「やさしく接する」の意味は、犬目線で発想しながらも、やって良いことと悪いこととの枠組みは持たせることを必須としています。

　たとえば、子犬が成長する際の自制心の育成です。人間の世界と同じで、社会を作って生活する動物ゆえに、何をしてもいいわけではありません。私が手にしているハンバーガーに向かって子犬がいきなり飛びつき、それに食らいつくのを、私は決して許しません。これは私が決めたルールです。子犬はいくらほしいものがあっても、時には自制を持たなくてはいけないのです。

やってほしくないことを犬がしたときの対処
（褒めて教える？　叱って教える？　何かにすり替えて気をそらす？）

子犬が食べ物を取ろうとしたときに、それはいけないということをどうやって教えるのか。

私なら、子犬を仰向けに転がし「私がリーダーだ。わかったね。お前は下位だよ。だから上位が食べているものを食らいついたりしてはいけないぞ」などとは話しかけません。

まずはストップ・シグナルを出します。「ストップ！」。犬はほんの一瞬、飛びつきをやめてこちらの方を見るでしょう。その瞬間を褒めます。トリーツを与えるときもあれば、オモチャを向こうに投げて、ハンバーガーから注意をそらすこともあります（子犬だから、すぐに忘れて、またすぐ手元にある何か別のものに夢中になるものです）。

この訓練を徐々に積み重ね、難度を上げながら、最終的には理想の形にしていきます。このように、ルールを守らせるには必ずしも叱る必要はなく、褒めることでも実現できるのです。

1-5　犬が何度も飼い主を試してくるのはなぜか？

やっていいこと、いけないことの枠組み

覚えているでしょうか。小学生の頃、どれだけ授業中おしゃべりできるかの限度を、無意識に先生との無言の会話の中で確かめていたはずです。

> 面白くない授業をなんとかやりすごそうと、隣の友達とこそこそ話しはじめる。そしてちらっと先生を見る。「あ、先生は、叱らないぞ」。そこでもう少しボリュームアップして、その友達ともう一人の後ろに座っている友達をも交えて、さらにこそこそと話す。「先生、まだ気がついてないね！」と心の中で思う。これなら大丈夫！と調子づき、さらにボリュームアップして、今度はジョークを飛ばして友人と一緒にクスクス笑う。…と、「こら、あなたたち、授業中おしゃべりをしたければ、廊下にでなさい！」と先生に叱られる。

こんなやり取りを通して、幼い私たちは「ここまではできるんだ」「ここから先はやってはいけないんだ」と、ひとつの社会的ルールを学んでいきます。ある程度のおしゃべりはOK。でもボリュームアップしてそれ以上やってしまうと、ルール違反になる、と。

実は犬たちも、そんな風に私たちと関わっているのです。どこまでやっていいのか、いけないのかを。

> おいしそうなニオイがするので、テーブルのそばまでやって来た若犬。人間は何も言わない。「う〜ん、なんだろう！　その、おいしそうなにおいのもの、見てみたいよ！」とテーブルに前脚をかける。すると即座に「こら！」。…と、若犬はすぐに脚を床におろした。すると、人間はやさしく「いい子ね！」と撫でる。

こんなことを数度繰り返した後に、若犬はこう学びます。「テーブルのそばまでは行っていいらしい。しかし、テーブルに脚をかけるという行為は、どうもはばまれる…。だから、テーブルに脚をかけないことにしよう…」と。

もっとも教室でおしゃべりをしていた生徒とは異なり、犬からすれば、どうしてテーブルに前脚をかけるのがいけないのか、まるで理由は分からないのですが。しかし、人間は嫌がるわけです。そこで彼らは、あるルールという枠の中に生きていくことを学習してゆきます。「あることはやってもいいんだ」「でもあることはやってはいけないんだ！」。

犬はこうして自制心を学ぶ

　犬はある程度の自制心を、犬という動物として予め備えていることもここに記したいと思います。子犬と大人犬のやり取りを見ていると、それはもう明らかです。2頭以上の犬を飼う人であれば、観察する機会はたくさんあるでしょう。

No.a012

それ、ほしいな～

ラッコ(子犬)　　トド(大人犬)

　大人犬であるトドが、骨をおいしそうにしゃぶっているところに、3カ月になる子犬のラッコがやって来た。しかしこの頃までには、かなり自制する気持ちを学習しているようで、飛びつきはしない。相手を挑発させないようフセをしたまま、彼のやることに見入っている。「それ、ほしいな～」。

No.a013

ねえ、ほしいんだけど

え、何、あんた。

　「ねぇ、ほしいんだけど」と手を出した。すると、瞬間トドはムシャムシャ食べていた行動を止めて固まる。これは犬の世界の「警告」シグナルだ。これ以上近づくんじゃない！　という意味である。このとき、犬は固まったまま無言なので、このシグナルを見逃してうっかり犬のプライベート・ゾーンに入ってしまい、犬に吠えられる人もいる。たとえば店先につながれた犬に近づくときなど。

　「え、何、あんた。僕に近づく気？それは嫌なんだけど」と犬が一瞬止まり、じっとあなたを見ていることがあるだろう。これを「コンタクト」とか親しみをもって見つめているなどと勘違いしないように。警告のシグナルなのだから！

　しかしこの時期までに、ラッコは当然このトドのシグナルを学習していた。子犬はこんな風に仲間とのやり取りを通して、自制という心のテクニックを学習する。

No.a014

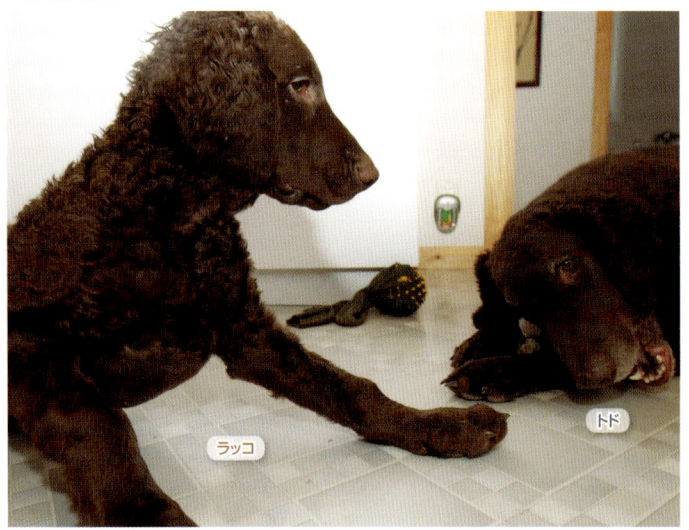

ラッコ　　トド

　ラッコは体を起こし、その場を離れる。しかし子犬のことだ。何度も何度も、その後トドの「境界線」というものを試す。どこまでやっていいのだろう、どれだけやれるだろう…。それは、ちょうど、人間の子どもも大人たちに対して行っていることなのだが(これを子犬は、人間に対しても行う！)。

No.a015

　そして大きくなるにつれ、人間の食べ物を前にしてもいきなり飛びついたりはしなくなる。自制する態度を身につけるからだ。

Chapter 1 　BODY LANGUAGE
犬の群れとリーダーシップの必要性について

1-6 犬の心を解放する「ルール」&「しつけ」という方法

枠組みを知ってもらえば、犬はより自由になれる！

　昔であれば、犬を放し飼いにしてそこら中走り回らせても、誰もとやかく言わなかったでしょう。時に犬は誰かを咬んだりもしたかもしれません。それでも、今程皆がヒステリックにはならなかったはずです。しかし近代化が進み、「すべてが清潔、すべてが安全」が前提となっている文明生活を営む今、そんな風に「野放し状態」で犬を飼うことは、もはや不可能です。

　この近代社会に犬がうまく人間と共存するには、人間の生活ルールをどうしても犬に学んでもらわねばなりません。その行為を私たちは「しつけ」と呼びます。それらのルールは、時に犬のロジックではとても理解しがたいこともあるでしょう。しかし、このルールという枠組みの存在を学んでもらわなくては、私たちはその後犬といつも衝突することになり、楽しく暮らせないのです。

　「ルールだなんて残酷、人間は横柄！！」だと思うのなら、どうぞ 犬のしたいように勝手に生きさせてみればいいでしょう。そのうち、どうにも手が付けられなくなるのは、火を見るよりも明らかです。リードを引っ張る、人や他の犬に吠える、お客さんの食べ物を盗む、そして叱ると怒り狂う、びしょぬれのまま人に飛びつく……。あなただけの問題ではなく、他人をも巻き込んでしまうのです。それでは社会が許さないはずです。

　あるいは、犬を生涯ほとんどの時間、囲いやケージに閉じ込めておくという方法もあります。それなら、社会的な問題を作らないですむかもしれません。しかしそんな生活を強いるのは、はたして愛犬に 倫理的であると言えるでしょうか。答えは当然ＮＯです。

　倫理的に犬を飼いたいのであれば、愛犬にはなんとしてでも調和的に私たちと接してもらわなければなりません。その技術さえ得てもらえば（つまり枠組みにいることを覚えてくれれば）、かえって彼らはより自由を得ることになり、犬らしく幸せに生きていくことができます。

　たとえば呼び戻しの効かない犬は、絶対にリードから放してもらえないでしょう。しかし、もし呼び戻しにきちんと応えることができるのなら、その犬は常にリードから放してもらえ、公園のあちこちでニオイを嗅いだり、他の犬とコミュニケーションを取ったりすることもできるのです。

No.a016

ルールはステップ・アップ方式で伝える

　テーブルの美味しそうな魚の薫製！「テーブルに上がっちゃおうかな。取っちゃおうかな。ママはどんな風に反応するかな？」。犬は常に、どこまでがルールの枠組みの境界線なのかを試すものです。しかし成長するにつれ、犬もこんなことをいちいち考えるのは論外だということを学んでくれます。少なくとも人間の監視下であれば。そしてもちろん、あなたが「テーブルの食べ物は取ってはいけない」というルールを設けていれば。

　私のルールは、「食事時は、犬には犬の寝床で休んでもらいたい」というもの。しかし最初からそれをリクエストするのは無理なので、まずはせめてテーブルに脚をかけないというルールから犬に教えてゆきます。

　飼い主がよく犯す過ちは、犬に最初から厳しすぎることです。つまり「ダメ」と言えば最初から犬は寝床についてくれると、期待してしまっているのです。それよりも、今この時点で「これならうちの子ができる」

No.a017

ことからやってみます。そして犬に成功を経験させてあげながら、徐々にあなたが最終的に「こうだ」という枠組みの中に犬が入ってくれるよう導いてあげるのです（だからこそ、私は飼い主をガイドと呼ぶ所以です）。

もうひとつの例えをあげれば、テーブルのそばに来たら「フセ」てもらうというのが、あなたの理想像だとします。子犬であれば、最初からフセをお願いするのはむずかしいかもしれません。しかし「オスワリ」ならやってくれるかもしれませんね。ならばその時点では、子犬が見せてくれた「オスワリ」に対して、褒めたりご褒美をあげます。フセまで期待しないことです。

後に、徐々にリクエストの度合いを上げていけばいいのですから。「オスワリをして、人のじゃまをしない」という動作がしっかりと身についた後に、今度はフセをしてもらうよう犬にお願いをします。

No.a018

> **枠組みは各家庭で違っていい**
>
> 枠組みは家庭によって様々で「こうすべき！」という枠組みはありません。この家庭では、テーブルに脚をかけるまではＯＫ。しかし、テーブルから食べ物を盗むのは許されない行為となっていました。この飼い主は5頭の犬を飼い犬歴数十年の方だから、こんな「しつけ技」も可能です。犬の飼い主の初心者であれば、テーブルに来てもいいけれど脚はかけてはダメ、くらいまでに枠組みを止めておく方が、訓練がしやすいかもしれません。

1-7 言うことを聞いてくれない原因はここにもある

「犬にバカにされる」とか「下に見られている」と思ったら…

よく「あなたは犬に馬鹿にされているよ。リーダーシップがないんだね」というようなコメントを聞きます。たいてい、トレーナーが飼い主をなじるときに使う台詞です。

犬が悪い行動を学ぶのは、それが自分にとってたまたま有利に働いたから、と私は単純に信じてきました。例えばドアを開けて脱走する犬。飼い主がいないときにテーブルの食べ物を失敬する犬。試行錯誤の末にうまくいったから、その行動をし続けているにすぎません。唸る行為だって同じです。唸ったら、誰もそばに来なくなったのでしょう。だから、唸る行為が身についてしまうのです。

犬がよからぬ行動を身につけるのは、別に上位になろうとしているからではないのですが、どうも人間はこのロジックが好きなのです。馴れていない初心者飼い主がこのロジックを聞いたら、リーダーシップを何かよほど権威のあるものと勘違いしてしまうでしょう。それで、やたらと犬に怒鳴り散らすことになるのです。怒鳴る飼い主の声は、犬にとっては「ギャンギャン」神経質に吠えているようにしか聞こえません。その神経質さを、動物ならすぐに嗅ぎ取ります。そこには本当のリーダーが持つべき「でんとした」頼もしさを感じることができません。

犬が勝手なことを学習して、私たちの「リーダーシップ」というお株を奪っているだけでなく、彼らは単に学習していない場合も多いのです。たとえば呼び戻し！ 戻ってこないのは、飼い主がリーダーとして見なされていないからではあり

Chapter 1 犬の群れとリーダーシップの必要性について

ません。呼ぶときのコマンドが、充分学習されていないからです。

呼び戻し訓練を子犬期からはじめるというのは、誰もが分かっているのですが、多くの飼い主はあまりにも早く、そして多くを子犬期から求めてしまいます。子犬の名前を呼ぶ人が多いのですが、その名前というのが、しかし子犬にはそれほど身に付いていなかったりします。食事を与えるとき名前を呼んだら来るでしょう。だからといって、他の状況でもその「名前の概念」を子犬が理解していると思ったら大間違いです。ここが人間と異なるところ。名前を呼ぶことで、何を意味しているかを、段階を踏んで、そしていろいろな状況の中で細かく訓練しなければ、犬は決して「呼び戻し」を学習できません。

よく犯してしまうミスは、犬が何かに熱中していて、絶対に飼い主に耳を貸さないような状態で、呼び戻しを行うこと。他の犬と遊んでいるときとか、何かおもしろいニオイを見つけたときとか。ろくろく呼び戻しの学習ができていないうちから、そんなむずかしい状況で名前を呼ばないことです。失敗するのは目に見えていますから。そして、さらに最悪なのは、名前に反応しないからといって、何度も何度も犬を呼ぶことです。

No.a019

「レオ〜、レオ〜、レオ〜！」。これが多くの飼い主が犯してしまう間違い！ まだ呼び戻しの学習が充分にできていないにも関わらず、犬が熱中しているときに呼び戻そうとする。これでは、まるで自分で失敗を導いているではないか！

犬は鋭い聴覚の持ち主です。聞こえないわけではありません。しかし、これをやり続けてしまうから、犬にとって名前はいつしかBGMになってしまいます。だから、呼び戻しが効かない犬ができあがるのです。飼い主のリーダーシップ（順位制の権威者を意味している）とは関係ないものだというのが、ここでも納得できるでしょう。

しかし呼び戻しは、飼い主と犬との関係を計るバロメータでもあります。犬に、飼い主について行きたいという感情があれば（これが本当のリーダーシップでもあるのですが）、学習はよりスムーズに行われます。

子犬の頃から「飼い主について行かなくっちゃ大変！」と思わせる訓練を入れていると、犬の気持ちが、より飼い主に向いてくれます。これは、リードなしで子犬をついて来させる訓練です。子犬が勝手な方向に行った瞬間（長々と待ってはいけません）、別の方向を歩きます（あるいは元来た道を戻ってもいいでしょう）。名前も呼ばなくていいです。子犬は飼い主が自分の後ろを、もはやついて来てくれていないことに気がつき、あわてて飼い主のところに走り寄って来るものです。子犬にとって、私たちの存在は命綱でもあります。だから、絶対に見失ってはいけないのです。そんな子犬期だからこそ、「ついてゆかなくっちゃ」の刷り込みが行いやすいのです。そして、子犬期のこの「頼りない時代」をぜひ有効利用してほしいと思います。そう、私たちが犬を探すようではダメ！ 犬の方から、私たちがどこにいるのか常にチェックしてくれるようでなくては。さもないと、呼び戻しの成果はあまり上がらないでしょう。犬に枠組みを理解してもらうには、まずは私たちを頼る、当てにする、という態度も身につけてもらわなければならないのです。

Chapter 1 BODY LANGUAGE 犬の群れとリーダーシップの必要性について

子犬期の呼び戻しレッスン

子犬期に、リードなしで安全な場所をあちこちと歩く、という訓練をするのをお勧めします。
すると「ママについて行かなくっちゃ大変！」という印象を与えることができるのです。

No.a020

No.a021

No.a022

飼い主は、ただ真っ直ぐに歩くのではなく、時には子犬がよそ見をしているとき、あるいは子犬が自分の先を歩いているときに、ふっと方向転換させて一瞬見失わせる。「いつもママに注意を払っていないと、いつママはどこにいくか分からない！」というように、犬に思わせるためだ。犬の注意を、常に飼い主に向けさせておく訓練である。

子犬が飼い主より先に飛び出して、何かのニオイに集中しはじめた。すると、飼い主はふっときびすを返し、別の方向に歩いて行った。子犬がはっと気がつくと、いるはずの飼い主がいない。見回すと、まるで別方向にいるではないか！　「え〜、ちょっと、待って！　僕を置いていかないで！」子犬は急いで飼い主の元に走り寄って来た。

呼び戻しは、特にドッグランなどに出るときには、大事な技である。何かあれば（ひょっとして犬同士の遊びが本気になり、危険だなぁと思った瞬間など）、呼び戻しで事態が深刻になる前にさえぎることができるからだ。やたらと威張り散らして、荒っぽい遊びをする「暴れん坊犬」を避けるために、呼び戻しを常に行いながら、その犬から距離を開けることもできる。

そして、もう言うまでもないが、普段の呼び戻しもままならないうちから、呼び戻し訓練を、決してドッグランで行わないこと！　絶対に、戻ってこないから！　犬は成功から学ぶ。失敗からは何も学べない。

「レオ〜、来〜い！」。コーギーの子犬、レオが飼い主にまっしぐらに走ってくる！　頼りない子犬時代から呼び戻しの訓練を行っていると、より身につきやすい。しかし、子犬期にうまくいったからといって、安心をしてはいけない。その後思春期に入ると、より自立するようになり、それほど飼い主の心理的サポートを必要としなくなる。犬の生涯を通して、呼び戻しの訓練をすること。そして最初は、決して失敗するような状況で行わないことだ。

> 犬が言うことを聞いてくれないのは、階級云々の問題ではなく、「犬を混乱させている」という場合もあるでしょう。以前、私のところに来ていた生徒が、その典型でした。彼女は自分の犬を座らせるために、いちいち名前を呼びます。それを1回だけでなく、5回も！
>
> 「テリー、テリー、テリー、お座り！」
> 「テリー、テリー、テリー、お座り、そうテリー、お座り！」
>
> これでは犬に自分の名前を覚えるチャンスも与えられないばかりか、お座りのコマンドすら覚えられません。人間の場合に例えても、よくわかります。誰かがいつもいつも私にこんな風に話しかけていたら？
>
> 「ヴィベケ、ヴィベケ、ヴィベケ、ねえ、ねえ、見てみて、これ」
> 「ヴィベケ、ヴィベケ、ねぇ、聞いて！」
> 「ヴィベケ、ヴィベケ、見て、見て！」
>
> これを、まるでわたしへの「コンタクト」コマンドのように毎回やられてしまうと、こちらは「見て、見て！」の言葉と私の名前の繰り返しにうんざりします。最後には、私自身何も反応しなくなってしまうでしょう。犬に何かコマンドを教えるときは、必ず1回のコマンドで聞いてもらえるように学習させることです。

column

BODY LANGUAGE　Column 1

犬のしつけにまつわる様々な迷信

「これを許すと、犬は自分がアルファだと思い込む」と言われる迷信が、犬のトレーニングの世界にはたくさんあります。しかしこれらは単に、犬がマナーを学習していないだけであることが多々あります。犬は決して人間を、群れの階級闘争の相手とは見てはいません。それには、私たちの行動パターン、そしてボディランゲージがあまりにも違いすぎるからです。

もっとも私は、犬からの信頼を得ながら協調関係も結ぼうとします。よって、犬が飼い主より先に何かをしたからといって、それが私たちへの信頼をつぶしたようには思えないのです。

人より先に、犬が食事をしてはいけない？

「人間が犬より先に食べなければ、犬は自分が人間より上位だと思う」と信じている人がいますが、どうかそんな迷信を信じないでください。食べ物が充分にあるという状況では、オオカミでさえ下位が先に食べようが食べまいが気にしないのですから！

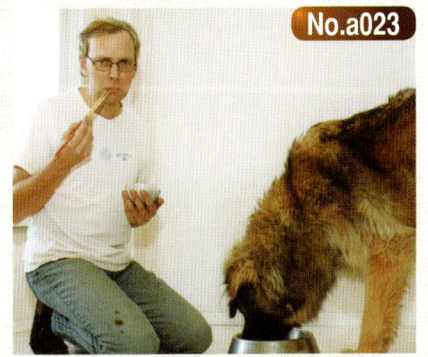

No.a023

それに、そんなことをまともに信じていたら、トリーツを犬に与えるたびに、私たちは犬よりも先にトリーツを食べなければならない羽目にも！ 犬の後に食べていると、犬はテーブルに来て「食べ物をよこせ」と横柄な態度を取るようになる、とも言う人がいますが、まずは私たちがどうテーブルで振る舞っているかを考えてみましょう。テーブルで犬が「ほしい」という表情をする度に犬に食べ物を与えていたら、そのことから犬は「テーブルのところにいけば食べ物をもらえる」学習してしまうでしょう。しかし、もし無視し続けていたら、いずれ犬は諦めてテーブルを離れるはずです。

散歩で、犬に前を歩かせてはいけない？

「オオカミの群れでは、アルファ個体が必ず群れを率い、そして狩猟のイニシアティブを取る。だからこそ、アルファである飼い主も犬を率いらなければならない…」という迷信。これもナンセンスですね。

オオカミの群れでは、大人狼であれば、時には誰だって群れの移動のイニシアティブを取ることがあります。リードで犬がきっちり側について歩かないのは、「学習」の問題！

引っ張れば、引っ張るほど、飼い主が後ろについてくる、と犬が単純に学習してしまっただけ。

No.a024

引っ張りっこ遊びで、犬に負けてはいけない？

No.a025

軍用犬や警察犬の訓練でも、引っ張りっこをご褒美として使っています。そして、時に犬に勝たせ、犬に作業の自信を与えます。人と一緒に遊んで楽しい！だから一緒にいたい！ そう思わせるためにすら使われている引っ張りっこ遊び。物を取らせたからって、犬は決して飼い主を「下に見る」ことはありません。日頃の生活の中できちんとした枠組みをもらって生きている犬は、これを機に急に飼い主の言うことを聞かなくなるということもありません。引っ張りっこ遊びで気をつけたいのは、むしろ犬をストレス漬けにしてしまう可能性があること。あまりにも興奮して、頭の中が休まらない状態になってしまいます。だからこそ、犬のストレス状態をボディランゲージから読みながら、ここまで遊べる、ここからはもう止める、とけじめをつけてあげます。

人の座る場所に、犬がいてはいけない？

「人間様が座るべきところに犬が座ると、犬は人間を下位に見出す…」こんな説が、デンマークをはじめ欧米では、70年代からつい最近まで信じられてきました。いや、今でも信じている人はいます。しかしこれは当時、犬と飼い主の関係についてより深い理解を得ようと編み出された説にすぎません。物事に対する見方というのは、時代を経て進化します。現代は科学的な検証が行われ（オオカミの群れを観察、あるいは家畜化された犬の観察により）、犬専門家の間では、もはや誰もこんな古い説を信じる人はいません。

私が思うには、ソファに犬を上げてしまうような人は、おそらく何も犬にルールを作っていないのではないかと思うのです。だからこそ、こんな「伝説」が生まれたのでしょう。日常生活での枠組み（けじめ。やっていいこと、いけないこと）が守られているのなら、そして「犬がソファにのぼっても良い」というのがその飼い主の枠組み内であれば、それはそれでいいはずです。

私の愛犬アスランは、ソファに寝そべって子どもと本を一緒に読むように訓練されています。アスランはデンマーク初の犬介在読解教育犬として、公式に認定された「リード・ドッグ」（Read Dog）です。本を読むのが苦手な子どものために、そばについて、子どもが読んでくれるのをいかにも「聞いている」ふりをするのがその役目。ソファに子どもが座ると、一緒に上がり、子どもの膝に頭を乗せます。そして子どもが読んで聞かせる物語を聞いてあげるのです。普段、本を読みたがらない子どもは、これに大変喜び、率先して本を読むようになります。アメリカで大変な成果を上げたこの教育方法を、デンマークにも導入したというわけです。犬がどこに座ろうと、犬はそれゆえに人間を見下したりはしません。社長席に座る人は、会社のボスだと皆に敬われる人間世界の階級制度とは、必ずしも一致しないのです。

要は、飼い主の枠組みをどれだけ犬が聞いてくれるかが大切です。犬介在教育犬としてアスランがいる枠組みでは、まずソファに座ってもいいことになっています。しかし、子どもにいきなり飛びついたり、顔を舐めたりするのは許されてはいません。枠組みがいかにケース・バイ・ケースであるか、その都度考察してみましょう。

ベッドで一緒に寝てはいけない？

犬と一緒に寝ることを否定するトレーナーもいます。「犬がベッドに上がるのを許すと、犬は飼い主をもはやリーダーとして尊敬しなくなるものですか？」。答えはNO。

犬と飼い主が仲良くできないのは、飼い主が犬をベッドに上げて、自分の順位を低くしているからではなく、普段の生活の中で単に上手に関係が培われてなく（信頼関係ができていない）、そして枠組みの学習をきちんと行っていないからにすぎません。

おそらく、信頼関係ができていない飼い主に限って、犬をベッドにあげて寝かせているのではないでしょうか。だから、そんな不思議な通説ができあがったのではないかと思います。

しかし、私たちトレーナーの間で、犬をベッドに引き込まないで寝ている人っているのでしょうか？　私も共著の藤田りか子も、共に犬と一緒に寝ている派です。

一緒の寝床に入れるかどうか、これは飼い主が決めることです。私は、いつベッドに入ってきてもいいか、犬に伝えられることができます。だからこそ、泥だらけの体であるときは、彼の犬専用ベッドで寝てもらうようにしています。ただし、このように区別するしつけをする自信がない人や、泥だらけのときに入ってきては困る人は、「ベッドに上げない」と枠組みを決めた方がいいでしょう。

第2章

多頭飼い犬の行動シミュレーション

BODY LANGUAGE　　　　Chapter **2**

たくさんの犬を同時に飼っておもしろいのは、
犬の社会やボディランゲージについて飼い主が多くを学べること。
ここでは、その犬模様を観察してみましょう。

2-1 序列がわかるファミリードッグのあいさつ

　私は多頭飼いのファミリードッグたちの行動を観察するために、シャネットさんのお宅を訪ねました。ここはデンマーク北部、郊外の牧草地帯。彼女は1ヘクタールほどの敷地を持ったファームハウスに9頭の犬たちと暮らしています。シャネットさんは、ただデタラメに犬を飼い増やしているわけではありません。多頭飼いをしたいと思ったのは、犬のボディランゲージや行動をもっと学びたかったからだそう。彼女は過去にも学校で行動学のコースを取るなど、向学心にとても溢れた飼い主です。

　このシャネット家の犬の群れの中には、オスとメスにそれぞれのトップドッグが存在します。オスのトップドッグであるラスコが見せる悠々としたボディランゲージ、そして、メスのトップドッグであるベルが見せるなんとも美しいあいさつは、ぜひ皆さんに見てほしい行動です。そして、それを取り巻く他の犬たちも、それぞれの立ち位置を上手に確立しています。それはまるで、人間世界を見ているかのようでもあり、犬世界の観察のおもしろさでもあります。

　以下に繰り広げられるように、オスのトップドッグであるラスコは、確かに様々な「ボス」的ボディランゲージを見せます。しかし、私たちがそれを真似して犬の群れのボスになれるかというと、それは土台ムリな話！

　なにしろ、人間は犬と同じボディランゲージをコピーすることができません。単にあくびをする、胸をはるだけが、ボディランゲージではないからです。私たちには見えない（そして聞こえない、嗅げない）様々なニュアンスを使って、犬たちは互いの感情を体に表しています。それを行うには、我々はあまりにも別の種で、犬にはとうていなりきれないのです。

シャネットさんファミリー

ターザン（オモチャ好きの活発な犬／ボーダー・コリー）

ニッケ（群れでは第3位の地位／シェルティ）

ロビン（群れで唯一去勢されていないオス／ミックス犬）

コリー（群れ一番の臆病な犬／犬種も名前もコリー）

リミア（子犬、群れの中で一番年下／ミックス犬）

マーヤ（ランクの低いメス。平和主義者／ゴールデン・レトリーバーのミックス）

シャネットさん（飼い主）

ベル（メスのトップドッグ／ミックス犬）

ラスコ（オスのトップドッグ／ボーダー・コリーとサモエドのミックス）

カロ（11歳の老犬。群れの中では特殊な存在／ラブラドール・レトリーバー）

Chapter 2 BODY LANGUAGE
多頭飼い犬の行動シミュレーション

警戒のサイレンが鳴る

　私たちが庭にやってくると、ボーダー・コリーとサモエド・ミックスのオス犬のラスコ、そしてメスのゴールデン・レトリーバー・ミックスのマーヤが、吠えながら勢いよく走り寄ってきた。よそ者が入ってきたというので、「チェックしてやろうじゃないか」と警戒の声を出しているところだ。攻撃的なボディランゲージは見られない。

　どちらも唇が短くなっている。しかし尾の高さが両者で異なる。ラスコの尾は高く上がっている。そして目をじっと見据えている。

　一方マーヤの尾は低く掲げられ、尾の先端は下に向いている。目の見開き方もはっきりせず、アーモンド・シェープだ。

　たったこれだけの出会いの中で、すでにどちらが高い地位に付いているのか、ほぼ群れの構造を察することができるのだ。当然、ラスコが上。それだけでなく、彼はこの群れのボスでもある。マーヤの群れにおける地位はかなり低いのだが、この際、ラスコの権力を借りて一緒になって吠えている。

No.b001 なんだ、なんだ！ ラスコ マーヤ

No.b002 よそ者がきたぞ！

　ラスコは首を落として、警戒の姿勢を強める。うっかり誰かの家に入っていきこんな犬たちに出会ったら、パニックを起こしてしまうかもしれないが、この犬たちは単に「よそ者がきたぞ！」と吠え立てて、仲間に伝えているだけだ。しかし、もしあなたが不審な行動をとったり、相手を挑発するような攻撃的な振る舞いを見せたら、ラスコの態度は一変するだろう。今の彼は、警戒と防衛のための攻撃行動の狭間にいる。

　こんな場合は犬から視線を離し、静止していること。そして静かに話しかけること。するとラスコならきっと「こいつは別に危害をくわえそうもないぞ。OKだ！」と仲間に伝えてくれるはずだ。

No.b003 この侵入者たちは、何もしそうもないぞ！ ラスコ マーヤ

　さっそくラスコの態度に変化が表れた。「この侵入者たちは、何もしそうもないぞ！」。尾が少し下に落ちた。首を下げ、マズルを上げる。吠え声のトーンも高くなった。脅威をみせるシグナルはだんだん減ってきている。一方マーヤは、安心して尾が高くなる。すでにマーヤの眼は別の方向に向かれている。すべてをラスコ任せにしているのがわかる。

No.b004

　ラスコは、カメラマンのところに走り寄ってきた。今までのスピードを少し落とすために、尾も舵の役目をして少し下がる。

No.b005

マーヤがやってくる寸前に私は脚が痛くなって中腰であった。マーヤはすばらしいあいさつ行動を披露してくれたが、あいにく私の上半身は彼女に覆い被さるような状態になってしまった。

No.b006

急いでしゃがんだら、早速マーヤはこれに反応。尾の振りが一層激しくなった。彼女も安心してあいさつ行動に集中できるようになったのだ。

No.b007

マーヤ
ベル

メスのトップドッグであるベルがやってきた。しかし、さてここではマーヤのボディランゲージに注目してほしい。前の写真 No.b006 と比較をすると、背が丸くなっている。顔も、彼女を見ないかのように、私の脚の間に入れている。

No.b008

だからといって、ベルは暴君などではない。まっすぐにやってくるかわりに、すこしカーブを描きながらこちらに向かって来た。彼女の体が少し左の方向に向くととたんに、マーヤの耳が立ち上がり、尾が高くなった。この間マーヤは一生懸命、私にフレンドリーなあいさつ行動を見せているのだ。顔はさらに右に向けられ、ベルを見ないようにしている。しかしその実、何が後ろで起きているのかをきちんと耳で把握しようとしている。見てもいないのに、他の犬がどんな風に行動しているか察することができる。そして、それなりの反応を見せる。驚きだ。

Chapter 2 　BODY LANGUAGE
多頭飼い犬の行動シミュレーション

No.b009

ベル / マーヤ / ラスコ

　そこへ、ボスであるラスコまでやってきた。ここが多頭飼いの面白さだ。さっさとマーヤは私の側から離れた。2頭のトップドッグが、いまや私を独り占めにしようとしている。

No.b010

はじめまして！私って、とても友好的でしょう？ / ベル

　ベルのこの美しいあいさつのボディランゲージを見てほしい！　まるでお手本のようにフレンドリーな表情。目はアーモンド状。耳は後ろに引かれ、口角は後ろにうんと引かれている。頭を下から上へ、マズルを上に向ける。「はじめまして！　私って、とても友好的でしょう？」とあいさつをしてくれたので、私も思わずキスをしようと自分の唇をすぼめる！
　隣のラスコは体全体の力を抜き、極めてリラックスをした様子。

No.b011

　私はベルに口を近づけようと少し頭を落としたら、さっそく彼女はもっと鼻先を上げて目をさらに小さくし、耳を後ろにしてあいさつを交わしたい意図を表した。
　相変わらずラスコはリラックスしたまま。

Chapter 2

No.b012

見張り役ラスコ

さすが、ボス格の犬である。あんなにリラックスしていたのに、ラスコは後ろから誰かが近づいてくることに気がついた。すぐさま尾がピョンと上がり、唇が短くなる。──しかし、相変わらず、ベルは私に集中したままだ。ベルは、完全にラスコの見張りに頼り切っているのだ。ラスコは、周りで何か起こっているのか、それを見張る総責任を負っている。

No.b013

観察ポイント
「攻撃性があるかどうか」

やはり後ろから誰かが来ていた。2頭は私の元から去り、確かめに行った。ここでもラスコは、警戒はするものの、決して攻撃に移るボディランゲージは見せていない。首を低くして、マズルを上げている。ラスコは最初尾を高くしていたが、次の瞬間にはそれが落ちる。一方、ベルの場合は逆だ。

No.b014

ラスコは白い目すら出している。この2頭は、ランクとしてはほぼ同等で、お互いにフォローし合っていると思われる。

Chapter 2 BODY LANGUAGE
多頭飼い犬の行動シミュレーション

No.b015

なぜマーヤの尾の位置は低いのか

　ラスコが戻ってくると、マーヤもやってくる。2頭のボディランゲージの差に注目。マーヤは私に会うというので尾を振っているが、それも低いところに掲げられたまま。ラスコに対して遠慮をしているからだ。

　これを見ると、人間も群れの犬に対面する時は、どうやらボス格の犬に先にあいさつをした方がよさそうである。飼い主のシャネットさんはこう語った。「ただし、優先権を与えるだけで（つまり最初に撫でてあげるのが、ボス格にいる犬であり）、特別においしいトリーツを与えるとか、そんなことはしなくてもいいんです。どのように接するかは、みな平等に。あまりトップドッグを優遇していると余計に気が大きくなって、挑戦をしようとする群れの仲間をいじめるような行動にでることがあるのですよ」。

No.b016

　メスのトップドッグであるベルがまた私のところに戻ってこようとするが、ラスコがいるので、近づくときも耳を寝かせている。しかし尾が高々と上げられているのは、さすが自信の表れだ。

No.b017

　ベルは、向こうに何かがやってくるのに気がついた。頭をさっと低くした。ラスコが今となっては離れてしまったので、今度は、ベルが見張り役をつとめている。写真No.b012では、彼女はラスコに見張り役をさせて、いっこうにお構いなしだったのに！

　ラスコですら、こちらにやってくる人間に気がついていないようだ。ちなみにラブラドールのカロとマーヤも、見張り役は完全に2頭のトップドッグにお任せしている。

　このように群れの中では、状況によって誰がどこにいるかで、つかさどる役目が流動的だ。次々と変わる。

2-2 ボス犬が見せるトップとしての誇示行動

No.b018

ラスコが、コリーという名のコリーの方へ歩いてゆく。コリーは、群れの中でも一番臆病な犬で、皆に服従的な態度を取る。コリーは、この写真の真ん中にいるベルの側にいるものだから、口角を引いて、顔を背けている。そこにラスコがアプローチしてきた。彼は、何かコリーに用事があるかのように、しっかりと彼女に視線を向けている。しかし脅威的シグナルはまるで見せていない。唇は長くしているし、尾は振られている。

No.b019

ラスコのアプローチに対して、コリーは地面のニオイを嗅いで、カーミング・シグナルを出した。尾もやや下がっている。ラスコはさらに頭を低くする。おそらく、コリーが神経質にまわりをせわしなくうろついているので、それを注意しようとして近づいてきたのにちがいない。

No.b020

コリーは顔を背け、口を開けている。口角も後ろに引かれている。

左の端に子犬が写っている。彼女の耳は後ろに引かれ、頭を低くして、やや心配そうであるのが目の表情から伺われる。

そして、ベルも耳を倒して唇を後ろに引き、体を低く保ってシーンに登場した。というのも、堂々とラスコが歩いてきたからだ。

群れの犬を観察していると、理由はわからないのだが、ボスの犬が時々こうして自分の自信の程を誇示することがある。攻撃的な行動を取ったり、直接相手を地面に倒して（押し付けることなく）、自分の地位の高さを宣伝するのだ。というか、彼が持つ自信ある態度を見ることによって、周りの犬が自動的に服従的な態度を取ってしまう、と解釈するといいかもしれない。

ボス犬に問われる品格

群れのボスになる犬というのは、ケンカが強い犬ではない。たとえどんな場面でも精神的にへこたれない、よって冷静な判断を下せるメンタル・キャパシティ（心の許容量）が大きい個体だ。その性質ゆえに、危機に陥ったらどうするべきか（どの方向にゆくべきか、どんな行動をとるべきか、等）群れのみんなに示す心の余裕がある。だから、群れの他のメンバーは、彼の選択に依存しようとする。

「ラスコについていけば、僕の安全は確保される！」そんな心理だ。彼が止まると、みんなも右にならえで"止まる"。彼は決してネガティブに自分の権威を行使しないのだ。ラスコは実際のところおっとりとして、とても優しいボスだ。時には他の犬たちへ先に食べ物を取らすこともある。

ちなみに、シャネットさんによると、ラスコは子犬の頃はそれほど自信に溢れた犬ではなかったそうだ。「兄弟の中でいじめにあって、一番打ちひしがれていた子だったんです。だから私が引き取ったのですよ」。しかし、シャネットさんがラスコを育てる中で、たくさんの自信を植え付けてあげたのに違いない。今や彼は、心の器がとても広い落ち着いた犬だからだ。

Chapter 2 BODY LANGUAGE 多頭飼い犬の行動シミュレーション

2-3 中堅から下位ランクの行動パターン

No.b021

なんだ、あいつはいったい！
ロビン

No.b022

シャネットさんのところの他の犬たちが、庭に放たれた。この犬はミックス犬のロビンだ。最初は興味深々で走ってきたのだが、写真No.b022では、耳の間が広がった。カメラマンに近づくに従って、ちょっと気持ちが不安定になったのだ。「なんだ、あいつはいったい！」。犬は、カメラのレンズに対してプレッシャーを感じるものだ。まるで大きな目がこちらを見ているような気分にさせられるらしい。たいていの犬はカメラが向けられると、目をそらす、あくびをする、などのカーミングシグナルを見せる。人に慣れていない犬であれば、怖くなって自分を守るために怒りだすこともある。

No.b023

ラスコ
ロビン
ミリア
おや、なんだい、なんだい？

子犬の好奇心

まだ私にあいさつしていない犬が近づいても、やはりボスのラスコは私を独り占めにしようとする。

このシーンで面白いのは、手前の子犬と茶色いミックス犬ロビンの行動だ。ロビンはおそらく、単にもよおしたからここで尿をしているだけだろう（この広場は、庭の中でも犬のトイレに使われている部分だ）。そこに何も心理的（ストレスやカーミング・シグナルなど）な意味はない。しかし尿をしているときの心もとない気持ちから、ロビンはペロリと舌を出している。

そして他の犬たちが私とかかわりを持とうと、押し合いへし合いをしている横で、まったくこだわらないといった風に、むしろロビンのしていることを興味深げにじっと見ている犬がいる。子犬のミリア。ロビンが舌を出したときに、彼は尾をぴょんと持ち上げ、口を開けた。「おや、なんだい、なんだい？」。さらに覗き込むように見ようとしている。まわりの状況などお構いなし。子犬ならではの行動だ。

No.b024

ターザン
ロビン
ミリア
ベル

ロビンの重心が下がったのはなぜか

と、飼い主のシャネットさんがやってきた。するとボーダー・コリーのターザンとミックスのロビンは顔を上げ、シャネットさんを見る。両者とも耳を後ろに倒し、目を細めて、親和の表情を作りながら彼女を迎える。

一方で、子犬のミリアは相変わらず周りの状況にお構いなし、ロビンの行動にすっかり魅せられている。シャネットさんの横には、メスで一番のボス格であるベルが一緒に付いて来ている。にもかかわらず、誰も彼女のことを見ておらず、シャネットさんに目が釘付け。中でもロビンは少々へりくだりすぎたボディランゲージを見せている。私は、普段ロビンがどんな風に人間に扱われているのか、ふと心配になった。

No.b025

「私に何か起こったら、大変！かかわらない、かかわらない！」

コリー

　皆が集まっているのをよそに、わざとその集まりを避けるようにしている犬もいる。前述のコリーだ。彼女は、シャネットさんのところでレスキューされたときには、すでに餓死寸前であった。さすがに彼女も生き延びるとは思わなかったらしく、情をあまり持たないよう名前すらつけずに犬種の名であるコリーと呼んでいた。ところがなんと彼女は生き延び、現在に至る。そこでコリーという名のままになっているのだ。そんな生い立ちもあり、そしてコリーという犬種の性格もプラスされて、彼女は臆病でとても神経質な犬に育ってしまった。

　避けているにもかかわらず、何が起きているのか確かめるために、耳は群れの方にちゃんと向けられている。目が見開かれ、「何か私に起こったら、大変！」と言わんばかりに、歩き去る。

No.b026

ロビン

No.b027

　ここでもロビンに注目してみよう。シャネットとラスコに囲まれて、ロビンの顔は、非常にへりくだったものである。目は細められ、口角と耳は後ろに引かれている。この写真No. b027で、ラスコがちらりと後ろを向くと、さらにロビンの口角が後ろに伸びる。

　これは怖がっているのではない。ボスの周りにいるとき、順位の低い犬は常に相手に対して丁寧に対応しようと、親和のシグナルを見せる。

No.b028

　しかし、一旦ラスコが顔を私に向けると、ロビンは耳をぴんと立て、目を見開き、その場から離れようとした。

Chapter **2** BODY LANGUAGE
多頭飼い犬の行動シミュレーション

No.b029

> 今、突然の
> 動きをしたけれど、
> ラスコは何も僕に
> 言っていないよね？

カロ
マーヤ
ロビン

　離れる前に一旦振り向くロビンだが、これはトリーツをもらっているみんなをうらやましがっているのではなく、「今、突然の動きをしたけれど、ラスコは何も僕に言っていないよね？」と相手の出方を確認している。

　ラスコの後ろを通りすぎるラブラドール・レトリーバーのカロにも注目だ。上位ランクの犬の横を通り過ぎるゆえに見せたボディランゲージ。頭を落とし、伏し目にする。ラスコが私の手にあるトリーツにすっかり気を取られているにもかかわらず。相手を挑発しないよう、平和に共存しようとする。

　ゴールデン・ミックスのマーヤの表情は、中立状態をなんとか保とうというそれだ。群れの仲間にはそれほど立ち入りたくないのだが、それでも皆が集まればやはり参加してみたい。ただし、何事も起こらぬよう、誰も自分のことに気づかないよう、とマーヤはいつも願っている。

　彼女は、ややもするといじめにあいやすい低い順位の犬だ。が、だからといって、群れのメンバーに会う度に、自ら地面に体を投げ出しお腹を見せ、服従や親和の態度を見せるということはない。

　そのかわり、中立のボディランゲージをいつも見せることで、誰の注目も受けず、また誰の神経をも障らないよう、自分の群れの居場所をキープしようとする。とても賢く生きている。この態度はマーヤにいつも一貫しているし、彼女はそのやり方をとても気に入っている。だからマーヤは決していじけているわけでもないし、怖がりでもない。

中立な立場でいたい犬

　シャネットさんの犬たちに限らず、犬の群れには、よくマーヤみたいな個体がいるものだ。それはほとんど生まれつきの場合もあり、彼らは進んで低い地位に甘んじる。誰ともいさかいをする必要もなく、そうすることで自分の平和を保とうとする。

　私がマーヤの話をしたら、ある友人がプッと吹き出した。「まるで自分の話を聞いているみたいよ！」と。そう、人間の社会にもマーヤのように、積極的に低い地位に収まることで、自分の群れにおけるポジションを位置づけようとする人がいる。彼女も、できるだけ人間の「群れ」のごたごたに巻き込まれないよう、中立を保ちたいのだという。特に、みんなを引っ張り、人から頼られるタイプでもない。それなら、できるだけ目立たず、群れ内に属していたいと思うのだそうだ。

ケンカっ早い犬

　群れの中には、ケンカっ早く攻撃をしかけやすい個体がいるが、彼らは最上位でもないし（上位なら自信があるから、ケンカをする必要がない）、最下位の犬でもないということが理解できる。たいてい真ん中のランキングにいる輩なのである。その点も、人間の群れとそっくりではないか。

2-4 人に守られているときの行動パターン

No.b030

「ああ、嫌だ嫌だ。離れてちょうだい！」

シェルティのニッケのボディランゲージは、犬を正しく読むためにとてもいい例なので、見てほしい。

ニッケは私の側にやってきたものの、それを追って私の前にやってきたカメラマンを嫌がり、顔を背け、今や「我慢ならない！」と、カメラマンの方を向く瞬間である。口角が短くなっていて、今にも吠えようとしているところ。

No.b031

彼女は吠えて、撃退しようとした。

No.b032

しかしカメラマンは相変わらず側にいるので、彼女は自分の吠え声に効果がないとあきらめて、顔を伏せ、カーミングシグナルを出した。

さて、こんな風にちゃんと人間が解釈していたら、事なきを得るのだが、「あ、ニッケはおとなしくなった。じゃぁ、撫でてみよう！」などとニッケに近づけば？ もし部屋のような閉じ込められた空間で逃げる場所がなければ、ニッケは最後の手段、手を咬んで自分を守ろうとするだろう。しかし、この野原であれば、ニッケはさっさと逃げるはずだ。

犬に突然咬まれる、というが、実際はそんなことはない。写真No.b031で見るように、すでに犬は警告を発している。私たちが突然と思うのは、写真No.b032ではじまるシーンしか見ていないからだ。

No.b033

２頭のトップドッグが、シャネットさんの所にやってきた。群れでは第３位の地位にいるニッケは、前からシャネットさんの側にいたのだが、２頭がやってきたとたんに中立の表情をとりながらその場に留まっている。たとえ、最初にシャネットさんのところにいても、ランクが上の犬がやってきたら、すぐに場所を譲る。こうして、群れの中の争いはできるだけ防ぐことができる。

Chapter 2 BODY LANGUAGE
多頭飼い犬の行動シミュレーション

No.b034

「ワン」

ニッケ

ラスコが興奮してワンと吠えた。

No.b035

「何だろう？」

何事かと、ラスコの方を振り向くニッケ。このときは、相手の顔をまともに見なければならないので、中立の表情から、謙譲語をさっと使いだす。耳が後ろに引かれた。またラスコが一向に自分にかかわりを持たずに、シャネットさんばかりに注意を向けているので、すこし余裕がでてきたとも考えられる。

No.b036

このシーンは面白い。シャネットさんが動いた。結果、ニッケはシャネットさんの後ろに位置することになった。すると、彼女の表情に断然変化が見られる。先ほどの中立でもない、謙譲でもない、自信に溢れた表情だ。たとえボスたちが周りにいても、シャネットさんが前にいれば挑戦を受けることがない、大丈夫！という心境だ。
　私がよく、犬の前に出て相手の犬から守れ、と言う。これぞ実際に飼い主が前に出て愛犬に背を向けることで、自信を与えるのを描写しているとてもいい例だ。

トップ交代の時期に飼い主がすべきこと
トップドッグが年老いてきたとき、若犬がケンカを挑みはじめる！

No.b037

シャネットさんがトリーツを持って名前を呼んだ。犬たちが一斉に集まった。ゴールデン・ミックスのマーヤを見てほしい。緊張が解けて、少し気持ちに余裕がでたのだろう。ここでは中立の表情を取らずに、「欲しい！」という感情をおもむろにだしてシャネットさんの前に座っている。彼女が生き生きしているのは、たとえ後ろ向きでもボディランゲージから伺える。

No.b038

シャネットさんは、最初にトップドッグのラスコにトリーツを与えた。ここで、私からの助言もある。多頭飼いでトリーツを与える順位についてだ。

そのうち、ラスコも歳を取ってくるだろう。その時に、次期ボスになるべき若い個体が、だんだんラスコにたてつくようになって、ケンカを仕掛けることがある。もっとも、野生のオオカミの世界であれば、若い犬は群れから出てゆき、繁殖をするために新しくパートナーを見つける。だから大きなケンカは起こらない。だが限られた空間で飼われている犬では、そうはいかない。

というわけで、挑戦する若い犬と老いたリーダーの来るべき大ゲンカを避けるために、時々、その若い犬に最初にトリーツを与える。そしてすぐさま年老いた犬に与える。

若犬がやたらと老いたボス犬にケンカをけしかけるようになったら、世代交代の時期が来た証拠。その時こそこの方法を使うといいだろう。もっとも、いつも効果があるとは限らないのだが。

2-5 子犬の特権

No.b039

　皆がきちんと座っているのに、子犬だけがシャネットさんの脚にまとわりついて「ちょうだい！ちょうだい！」を行う。人間は、この行動についてすぐにしつけをした方がいい。

　しかし犬の世界では、子犬なら多少何をしてもいいという掟がある。というか、子犬には子犬ライセンスというものがあり、少々無礼な行動をしても群れのメンバーから許される。だいたい6ヶ月ぐらいまでが、パピー・ライセンス（子犬許可証）の有効期限。シャネット曰く「メスであれば最初の発情期まで、子犬ライセンスを持っていますね」。

No.b024

　これも子犬ライセンス所持ゆえになせる技。ボスがいるにもかかわらず、ぬいぐるみと遊び続ける。ラスコも子犬のすることに自分の権威を押し付けるようなことはなく、至ってリラックスした表情。

2-6 特殊な立場の犬

カロ

カロの場合　（若者の志向についていけない、年老いた犬）

No.b041

　マーヤの横にニッケがきた。写真では見えないのだが、ニッケはマーヤを一度睨む。マーヤはニッケにできるだけ丁寧に応対すべく、体を小さくして耳を後ろに倒した。口が伸びてもよさそうだが、ここでは「こんなに丁寧に君にあいさつをしているのだから、早く通り過ぎてよ！」という要求をも見せている。

（吹き出し：こんなに丁寧に君にあいさつをしているのだから、早く通り過ぎてよ！／ニッケ／マーヤ）

No.b042

　そして通り過ぎてくれたら、「あ、やっと行ってくれた！」と安堵の表情！　一方でニッケは、シャネットさんの持つオモチャに実は興味があったのだ。シャネットさんに近づいてゆく。

（吹き出し：あ、やっと行ってくれた！）

No.b043

　さらに近づくと、ニッケは耳を倒した（写真No.b042と比較してほしい）。鼻面を上げ、オモチャと遊びたいがために「いい子」のボディランゲージを見せる。後ろのラスコがもしこちらをまともに向いていたら、ニッケはこんなに堂々とシャネットさんに近づかなかっただろう。しかし…。

Chapter **2** BODY LANGUAGE
多頭飼い犬の行動シミュレーション

No.b044

…20秒後には、ラスコがやってきてオモチャを独り占めにした。周りの犬の様子に注目。ボスに遠慮して、ただみんな見ているだけ！

シャネットさんが走り、オモチャに食いついたままラスコも走ると、みんながドドドと走って付いてきた。しかし、マーヤだけがいつもの中立な態度を取っている。あるいは、後ろの立っている群れの女将ベルが、彼女を見ていたからかもしれない。

真ん中のカロは、ただ吠えているだけだ。彼は11歳のラブ。歳を取っていて、みんなのやっていることに今ひとつ付いていけない時がある。少しもうろくしているのは否めない。周りがさつくと、彼は大抵ワンワンと吠える。ここでも、吠えることに懸命になりすぎて、付いてゆくことをまるで忘れてしまっているようだ。

No.b045

「カロは、周りの犬たちが動き回ってがさついているのが嫌いです。それは、歳をとっているので、自分はどうも安静にしていたい、と思うからでしょう。家の中に入れるときは、カロだけの専用部屋を設けることにしました。そこで彼はゆっくりと暮らすことができます。今子犬もいますし、あの子がすぐにじゃれつこうとするのでね」とシャネットさんは説明した。

ちなみにカロは、少々何をしてもボスのラスコに許されている。他の群れのメンバーでは許されないことでも、だ。群れでは特別な位置についている犬といってもいい。おそらく老齢犬だから、そしてラスコが子犬時代に既にいた先住犬だからでもある。

No.b046

ラスコはここでカーミングシグナルを出した。耳を後ろに引き、舌をペロリと出した。どうやら群れ全体が押し合いせめぎ合い、オモチャを持つシャロットさんの周りで興奮しはじめたからだ。ロビンは、ターザンにマウンティングをする始末。興奮した自分を慰めるためのマウンティングだ。ここでは、決して自分の優位性を主張するための行動ではない。自分だけの世界にいたカロすら、吠えることから我にかえって、群れに参加しはじめている。

特殊な立場の犬：コリーの場合
（異質な境遇に育ち臆病がゆえに、群れへ馴染めない）

No.b047

「やや、これは静まらないと！」

ベルも鼻をペロリ。「やや、これは静まらないと！」とカーミング・シグナルを出しはじめた。群れが興奮しすぎている。こんなときは、ちょっとしたことで大ゲンカになるものだ。しかしトップ2頭によって、なんとか群れに統制ができているのがおもしろい。

ここに来て、コリーが少し離れたところで様子を伺っているのが見える。誰も見ていないからといって、尾を立てて自分の戦いに対する意気込みを少し見せているのが可笑しい。

コリーは絶対に群れ行動に参加しない。いつも周りで見ている。それも、牧羊犬らしく、神経質気味にまわりをウロウロしながら。皆集まっているのに、コリーだけ来なかったのだ。シャネットさんによると、コリーは小さいときの心の痛手が大きすぎて、ある意味、犬としての行動が機能していないと言う。それを群れの皆もわかっているのか、彼女の見せる不思議な行動を大めにみるそうだ。人間の世界でもハンディキャップを抱える人々に対して、たとえ社会の基準と違う行動を見せても許容する。それと同じ心理かもしれない。

マーヤは相変わらずやや心配な表情をしている。誰も自分に注意を向けてくれませんように、と中立を保とうとしているのだろう。

特殊な立場の犬：マーヤの場合
（誰にでも腰が低く、いじめの対象にならない）

No.b048

混沌とした中にあり、おまけに順位の高い2頭の犬の間に立ってしまったマーヤは、自らとりあえず横になって自分の無害さをアピールした。自分に何事も起こらないように、念を押しての行動だ。とくに群れが興奮した後なので、いつもよりもマーヤは大げさにへりくだった気持ちをみせるのだ。

ベルは、マーヤの行動を受け入れているのだが、しかしマーヤの方はやや心配と見える。あまり下手に出過ぎても、相手からイライラを買うことがある。そんなときよく、地面に押し付けられることがある。ここでニッケは、2頭の間で起こるかもしれないケンカを止めようと間に入ろうとしている。平和維持隊の役だ。

No.b049

「やれやれ…」

ニッケは緊張感を緩和させようと、マーヤを遊びに誘う。マーヤはそれでも自分の無害さを懸命にアピールしようと、舌を出して耳を後ろに引き、へりくだった行動に出る。一方、メスのトップドッグのベルは、「やれやれ」とホッとした顔をする。ベルは、たいていこの穏やかな顔を呈している。しかし、彼女の歩き方や体の姿勢は自信に溢れたものである。顔はニコニコ、体は堂々。メスのボスは、決して自分の権力を振り回すわけではない。

Chapter **2** BODY LANGUAGE
多頭飼い犬の行動シミュレーション

No.b050

「ワンワン！」
「私は無害だから、ね！」
ニッケ　マーヤ　ベル

　はしゃいだ後、マーヤは自分のとっさの行動が、ベルの神経を逆なでしたのではないかと気になった。いそいで彼女のところに行って「私は無害だから、ね！」と子犬のように振る舞ってご機嫌を取る。前脚が上がり、パピー・リフティングを行う。
　横でニッケが吠えていることに注目。またもやニッケの平和部隊役である。これは、もし2頭の間でケンカがおきたら、地位の高い方に彼女は加勢するつもりでいることの表れだ。興奮して吠える。

犬のケンカは飼い主が止めるべきか

　犬の争いに対して、果たして飼い主は介入すべきなのかどうか。多くの経験ある飼い主は「犬の政治は犬に任せておけ」と言うものだ。それも一理あるが、限度問題でもある。この場合、ベルはマーヤに対して特別乱暴に当たっているわけではないから、犬同士に任せておける。しかし、いじめのような状態になれば、私なら仲介するだろう。そうすることで、私がある程度群れの行動において「やってもいいこと」「いけないこと」のルールを調整することができるし、また犬たちもそういう私を頼りにするようになる。
　シャネットさんが言うには、今まで犬のケンカを仲裁したことがないとのこと。あまりにも犬任せにしていると、犬同士がより強く結びつき、飼い主無視で、どうにも手がつけられなくなってしまうリスクもあるのだが、彼女は群れの各メンバーに対して、強いコンタクトを持っている。だから、あえてそんなことができたのだろう。
　それから、もうひとつ意見させてもらうが、群れ内でのケンカをコントロールできないほど、たくさんの犬を飼うものではない。シャネットさんは、9頭を飼っていてもちゃんとコントロールできているので、申し分ない。何頭飼えるかは、その飼い主の器量による。

No.b051

マーヤ　リミア

　さすがに子犬のリミアに対しては、マーヤはいつもの大げさな謙譲語を見せないが、それでも子犬に対して親和の気持ちを見せるために、尾をあげながらも、耳をうんと倒している。

No.b052

「私はあなたと仲良くしてあげているから！」
ニッケ

　子犬がマーヤにキス（？）をしようとしている。マーヤの口角は前よりだが、尾の先は横に寄せられているし、耳は充分後ろに倒されている。子犬にたえず「私はあなたと仲良くしてあげているから！」のシグナルを出している。
　これを見て、ニッケは興奮してワンワンと横で吠える。

2-7 群れの秩序と序列
（群れのランク順と、物事の優先権はリンクするのか）

No.b053

「私はあなたに何をするというわけじゃないのよ。ちょっと側を通らせてね。」

ニッケ
リミア

No.b054

皆とワイワイやっているうちに、子犬のリミアはすっかり疲れてしまった。ベルの側に来て寝そべったのは、地位の高い犬の側にいればあまり皆がやってくることがないから、ゆっくり休めると思ったのだろう。

すると、ニッケがやってきた。彼女は、尾を下に耳を後ろに引いて、目を細めている。子犬に「私はあなたに何をするというわけじゃないのよ。ちょっと側を通らせてね」と親和のシグナルを見せる。次の写真でわかるように、本当に彼女はただ通り過ぎるだけだったのだ。鼻と鼻をつけあわして、別に身体的な接触を持つ意図がない場合も、こうして、犬たちは常にシグナルを出し合いながら、群れの中で生活をしている。

No.b055

マーヤ
ニッケ
カロ

カロがマーヤの前脚の肘あたりに、ダニに食われたらしい傷をみつけた。なにか惹かれるのだろう。その場所を一生懸命にグルーミングしようとする。カロに限らず、犬は群れのメンバーの傷口にとても興味をもつ。

すると、向こうからニッケがやってきた。マーヤは、カロがあまりにもぴったりと近づいているので、あまり居心地はよさそうではない。その上に、ニッケがやってきたので、とりあえず親和を見せるシグナルを出し、尾を振って見せる。耳が後ろに倒されているのは、居心地の悪さと、ニッケに対する親和シグナルのミックスだと思われる。

No.b056

「こんなに集まられると、居心地わるいなぁ」

シャネットさんが、マーヤのダニを取ってあげようと側に来ると、今度はみんなが一斉にマーヤの周りに集まりだした！ 独りでいるのを好むマーヤのこと、この状態を好きになれず、尾がどんどん後ろ脚の間に入ってゆく。

Chapter **2** BODY LANGUAGE
多頭飼い犬の行動シミュレーション

No.b057

No.b058

　長いことグルーミングを受けているので、ベルがマーヤとシャネットさんの間を割って入って来た。犬の目から見ると、マーヤとシャネットさんがあまりにもくっつきすぎて、ケンカになりそうなリスクがあると思ったからだ。介入しながらも、ベルは決して誰をも挑発する気はないという意図を、耳を倒して表す。とてもフレンドリーな表情だ。いやそれとも、耳を倒しているのは、後ろにラスコがいたからか？

No.b059

　やっぱりそうだ。この状況を見ると、前述の疑問への答えが簡単に引き出せる。ベルの耳が極度に後ろに引かれていたのは、近くにラスコがいたためであった。今や、ラスコはベルから少し距離を開けたところに立っている。すると、ベルの耳が立った。しかし、マーヤの耳は相変わらずぴったりと後ろに倒されたままだ。これはマーヤの地位の低さを物語っているのにすぎない。
　しかしお互いに目は細められている。

No.b060

散歩の時間だ。

　門を開けたら一斉に9匹の犬たちが外に走り出していった。一般に信じられているように「群れのアルファが先に出る」ということもなく、実際のところ、ボーダー・コリーのターザンのような活発な犬が、最初に躍り出た。散歩の時間になると、あのマーヤですら率先して走り出す、とシャネットさんは語ってくれた。

　「犬の群れのランクというのは、必ずしも直線的なものでもないし、どの状況においても適用できるというものではないですよ。散歩のとき群れを率いるのはマーヤだし、オモチャなんかが与えられるとターザンだったりする。これは各犬たちが持つそれぞれの必要性の強さによって変わります。ボーダー・コリーという犬種は、物品に対する欲が他の犬たちより断然強い。その点ラスコは物品にこだわらないから、ターザンにそのまま持たせても何も言わない。また、ターザンは動きが速いから、何かにつけて優先権を得ることがありますが、実際にオスとして群れで慕われているのは、彼よりもロビンだったりする。それはロビンが唯一去勢されていない犬だからなんですね。そして食べ物になると、断然ラスコやベルが優先権を握ります」。

No.b061

　ラスコやベルが、比較的群れの後ろ側を付いてゆくのは、すべてに対して見張りをしようとする気持ちからだ。状況にいつも注意を向けておくというのは、トップドッグとなるための資質だ。

No.b062

　シャネットさんの言うことは本当だ。野原に出ると、マーヤが率先して行く先を決め、なんとそれに、2頭のトップドッグであるベルとラスコがついて行こうとしている。

Chapter 2 BODY LANGUAGE
多頭飼い犬の行動シミュレーション

2-8 性格が180度変わる犬
（臆病者のコリーが、野原では皆と楽しく遊べるのはなぜか）

No.b063

牧羊犬たちの運動会！

トップを切るのは、ボーダー・コリーのターザン。次にシェットランド・シープドッグのニッケ。あの臆病者のコリーですら、野原では生き生きと走っている。

コリーにとって庭という限られた空間では、いざというときに逃げ場がなくビクビク神経質であったが、ここではいくらでもスペースがある。だから自信を得て犬らしく振る舞うことができるのだ。

No.b064

牧羊犬の吠え声コントロール

追いかけながら、コリーたちはよく吠えた。彼らは犬種として吠えやすい性格を持っている。がしかし、その個体が精神的に健全であるという前提では、日常それを上手にコントロールすることができる。決して「もともとこういう犬種なもので…」などと言い訳をして、吠えっぱなしの「うるさい犬」を作らないように。

残念だが、飼い主が犬の吠える癖を助長してしまっているのが、実際のところ。シェルティも吠えやすい犬種と悪名高いのだが、私はかつて2頭のシェルティをサービス・ドッグとして訓練したことがある。いずれも、吠えやすさの癖はつけさせずに育てることができた（もちろん犬は吠える動物だから、完全に吠えるのを止めさせることはできない）。牧羊犬が吠えやすいと知っているのであれ

精神的に追い詰められている犬

コリーの心理と同じことが、リードにつながれ柱に縛られた犬に対しても言える。つながれている犬は、どんなに普段やさしい犬でも、決していつもの心理状態ではない。だから、よほどその犬について面識がない限り、決して撫でてはいけない。これは子どもにもよく教えてあげるべきことだ。他に逃げる場所がなく、自分を防衛する最終的な手段として、噛み付くこともあるからだ。

私は犬のボディランゲージが読めるので、つながれていてもこの犬なら撫でられる、あるいは危ないと判断することができる。観察するかのようにこちらをじっと見ていれば、「あっちへ行け」というシグナルだ。その際に、ただ目、耳、口角など部分部分だけで判断するのは不可能。全体の印象を読み取らなければならない。

たとえば、犬の気持ちの中で防衛本能が沸き起こっていれば、頭を低くするものの、自分を大きく見せるために体高を伸ばす。怖がっている犬は、首を低く落とし、ボーダー・コリーが羊をじっと見つめているような頭の落とし方をする。これらのニュアンスが、観察を重ねることによって自然にわかってくる。すると、全体の印象がスムーズに読めてくるはずだ！

ば、その行動が発展する前に子犬の頃から予防訓練をすればいいのである。

たとえば犬が吠えはじめたら、急いで犬の前に立ちはだかる。犬はびっくりして一瞬吠えるのを止めるはずだ。その瞬間「いい子だね〜！」とすかさず褒めること。このタイミングが大切。

ただし、コマンドと学習だけで犬をしつけることは不可能である。まずは、犬とあなたの間にコネクション（コンタクトあるいは協調関係）があること、そしてボディランゲージを使うこと、さらにカット・オフ・シグナル（＝ストップと合図したら、犬はいまの行動をやめて他の行動をすること）を教えること。

No.b065

マーヤも、庭の囲いにいたときに比べて、生き生きとしている。しかし彼女の場合、あいかわらず同じボディランゲージを発している。耳を見てほしい。庭にいたときのように、後ろにぴったりと倒されたまま。

下位の犬同士、コリーとマーヤの行動の違い

　同じランクが低い犬同士でも、コリーとマーヤの違いをこんな風に見いだすことができる。

　コリーは、その不幸な生い立ちのために、心の中の安堵というものに触れることができないでいる。よって群れの中でも自分がどの位置にいるのか、それすら把握することができず、いつもびくついて生きている。しかし、こうして外に出してもらうと、自分を取り戻せるのか、そのボディランゲージは一気に変わる。シャネットさんによると、群れでいるときに知らない人に会うと、彼女はとても神経質になり心を開かないのだが、シャネットさんと一対一で散歩する場合は知らない人に撫でさせることすら許すという。

　一方マーヤは、いつも自分を群れの中でも低い地位に置いているが、それを彼女は承知で行っているし、またそれを居心地よく感じている。自分の居所をわかっているので、外にでても、内にいても、同じボディランゲージを出し続ける。状況によって変えるということはないのだ。そんな彼女の心の中というのは実はとてもハーモニーに溢れている。

コリー
(群れ一番の臆病な犬／犬種も名前もコリー)

マーヤ
(ランクの低いメス。平和主義者／ゴールデン・レトリーバーのミックス)

column

BODY LANGUAGE　Column 1

上手に多頭飼いをするためのポイント

上手に多頭飼いをするためのポイントが2つあります。
これは、私が必ず守ってほしいと思っている事です。

> 1. 必ず、いま飼っている犬一頭一頭と協調関係を作ってから、次の犬を飼いはじめること。
>   最初の一頭と絆もつくれず、コンタクトも作れないうちに、次の犬を求めないこと。
>
> 2. すでに犬を飼っているところに、新しい犬あるいは子犬を導入するとき、
>   「あとは群れにしつけと教育はお任せ」にしないこと。
>   犬との一対一の協調関係をないがしろにしないように。

　多頭飼いであっても、個々の犬に対しての付き合い方は1頭飼いの場合と同じです。まず飼い主が、個別にきちんとしつけをすべきです。コンタクトがとれるようにし、リードに慣らせ、ストップと言ったらやめることを学習し、自制心を育てます。もし他の先住犬たちに「子犬育て」を任せたとしたら、絆どころかコンタクトまで失ってしまうでしょう。

　もっとも、あなたがどう群れと付き合いたいかにもよります。山奥に住んでいて、リードで散歩させる必要もなく、ただ犬を庭から放して勝手に走らせる、それが許されている環境であるのなら、犬任せで子犬を育ててもいいかもしれません。しかし、周りに人が住んでいて、時には集団でリードをつけて散歩をさせなければならないとき、一頭一頭の犬とコンタクトが取れていないことには、たとえ集団の散歩とはいえ統制がとれなくなります。

多頭飼いの犬が「勝手な行動」をしやすいわけとは？

　もうひとつ多頭飼い（主に3頭以上の場合）で気をつけなければならないのは、犬は群れで生活していると、より「野生」に近い感覚を取り戻しはじめます。たとえば、ボディランゲージを読む能力が1頭飼いされている犬よりも遥かに鋭く、逆にこちらもすぐに読まれてしまうのです。私たちが見せたかすかな意図やあるいは弱みを読んで、それに付け込む犬もいるものです。これから犬舎のドアを開けようとする、とか、こちらが他のことで心を奪われ切羽詰まっていて、犬に今ひとつ統制が取れないと感じているときなどに、彼らは私たちの感情に気づいて脱走を試みたり、わざとピョンピョン飛んで自分のしたいようにしたりするのです。そうなると、なかなか一筋縄ではいかなくなります。

　だからこそ、余計に一頭一頭との関係がしっかりしたものであることが 群れ飼いには必要となるのです。犬との絆があれば、犬は協調してくれます。たとえばストップの合図に瞬時に反応してくれるなど、より行動のコントロールがしやすくなります。

多頭飼いの犬が、より野生の感覚を取り戻してしまった例

　カナダでの話ですが、ある人が捨て犬を集めて囲いに飼っていました。そして囲いの中でどんな風に

BODY LANGUAGE　Column 2

犬たちが振る舞うか、行動を観察していました。この人はほとんど犬たちと関わりをもたず、群れに対してただ囲いに餌を置く、という程度のつながりしか持っていませんでした。

ある日、テレビ局がこの犬たちの様子を撮影するというので、カメラマンを囲いに入れました。ある程度、カメラマンの存在に慣らさせていたものの、犬たちは、怖がり、退き、まるで野生の犬やオオカミのような用心深い行動を見せました。たとえフリーに走らせてもらっていても、囲いは囲い。逃げる場所がない、という切迫感が余計に恐怖感を募らせてしまったのに違いありません。

このように、ほとんど人間とコンタクトをもたないで群れ暮らしをしている犬は、一層野性的に振る舞うようになるのです。用心深さは、防衛行動の発達につながり、最終的には攻撃することもあるでしょう。

さらに、野生の感覚を取り戻しているために、より自由を求める。それが囲いではできず、フラストレーションがたまり、すぐにイラつきやすくなり、そして攻撃的になります。

多頭飼いされていた犬を、1頭だけ引き取ることのむずかしさ

多頭飼いされている犬たちの中には、この先いつか1頭飼いの生活を強いられるという可能性があることも考えておいてください。たとえば家庭の事情などで、将来多頭飼いができなくなったとします。その際に群れの犬たちは、個々ばらばらにどこか他の家庭にもらわれてゆくかもしれません。

そのときにあなたの犬は、人間と一対一の関係を作ることに既に慣れているでしょうか？　さもないと、新しい家庭で新しいオーナーと共同生活を行うのは大変むずかしくなります。

前述のカナダ人のような飼い方をされている群れ犬の一頭を、可哀想だから引き取ったとします。しかし、多くの場合は、問題犬として大きなハンデを負うことでしょう。私たちはたいていまわりにたくさんの人が住んでいる都市環境に住んでいます。するとリードで散歩をしなければならない場面はいつもあるはずです。そのとき犬が感じることは？

なにしろ群れ暮らしで、ほとんど「社会化」「環境馴致」訓練を受けたことがありません。仲間はおらず、ひとりぼっち。そこで都会の喧騒や人々、音にさらされるのです。どんなに怖がるでしょう！　それでなくとも、群れ暮らしの犬は、すでに野生っぽく何かと敏感にできています。彼のメンタル・キャパシティ（心の許容量）は、群れの中で培われたものであり、人間の町環境においてはゼロ。これでは飼うのが不可能ですね。というか、犬をとても不幸せにしてしまいます。

保護団体の場合も同じ

以上のような理由で、もし犬を保護している団体が、犬を群れ飼いしているのだとしたら、必ず各犬とその犬の担当者が関係を築くこと。たいていの犬は、この先単独で飼われることになるのですから。そして町暮らしに適応できるよう、一頭一頭を個別にリードをつけ散歩にゆくこと。さもないと、たとえ新しい家庭にもらわれても不適応反応を起こし、決して幸せにはなれません。

ポーランドの保護犬施設にて。囲いの中で、群れで暮らす犬たち。

第3章

一時的に集まった飼い犬の行動シミュレーション

BODY LANGUAGE

Chapter **3**

知らない犬同士が集まると、様々なボディランゲージによる会話が繰り広げられます。
しかし、平和に遊ばせるのは、あくまでも飼い主の責任。
そこで知らない犬同士がどのように会話をしているか、ここで観察してみましょう。

3-1 ドッグランでの行動心理

　私たちの暮らしの中で、ドッグランや犬のしつけ教室、犬の保育園など、犬たちが集まり犬同士で遊ばせる機会はしばしばあります。

　このような一時的な犬の集まりは、その場での誰が心理的に強いかというランクはあるかもしれませんが、本来の群れのようなランク作りを待つまでもなく、たいていの場合は解散してしまうので、はっきりとした順位がありません。

　それゆえに、時にはケンカが起こってしまうのです。自分の居場所（ポジション）がはっきりしていないから、ある犬は挑戦しようとするし、ある犬は社会性トレーニングが不充分なために相手のボディランゲージを読めず、怒らせてしまいます。相手のことを詳しく知っているわけではないから、加減がわからず、うっかり遊びの度を超してしまってトラブルを作ってしまう…。

　ここでは、「ドッグランの集まり」「ドッグスクールの集まり」「犬の保育園の集まり」に焦点をおき、どうしたらトラブルなしに犬たちを一緒に遊ばせることができるのか、ボディランゲージの読解を通してそのコツを紹介します。

犬たちの遊び方やそこから読み取れる性格
（複数の犬たちが楽しくドッグランで遊んでいるケース）

注）このケースはかなりきわどいので、微妙に出されているシグナルに気をつけて見進めていってください

No.c001
　ことのはじまりは、ハスキーの若犬マイヤとゴールデン・レトリーバーの若犬ミーラの2頭の遊びだ。マイヤの遊びはつい乱暴になりがちなので、ミーラはマイヤの勢いを止めるために、自分のお尻を彼に見せようとしている。

No.c002
「やや、これはやばいことになりそうだ。」

　群れで遊んでいると、たいてい誰かが「保安官」の役を買って出る。つまりこの集まりが一時的であれ、常に群れを監視してこの場を平和に丸くおさめようとする犬がいるのだ。そんな犬は、心が気丈。ストレスにのまれない。よって状況を読むのが上手。言葉に長けて、犬の常識を備えた賢者。それがここではローデシアン・リッジバックのフレディであった。彼は、群れにただならぬことが起きていると察して、さっそく、ケンカに発展しかねないこの乱暴な遊びに、制裁を加えることにした。ミーラは、マイヤの乱暴な行動を避けようとしている。その様子を横から観察しているフレディの断固たる表情に注目。

Chapter **3** BODY LANGUAGE 一時的に集まった飼い犬の行動シミュレーション

No.c003

「マイヤ、君、ちょっと強引すぎない？」

マイヤは興奮しやすい。背中の毛が今や逆立っている。このタイミングでフレディがやってきたのは、本当によかった。遊びはだんだんエスカレートしているのだ。

No.c004

この様子を一番楽しがっているのは、左の白い犬、ドーゴ・アルゼンチーノ種のロニアだ。遊びのムードでいっぱいの体の表現を汲み取ってみよう。まず目線がとてもやさしい。

一番真面目にこの状況に取り組んでいるのは、ローデシアン・リッジバックのフレディだ。フレディが2頭の間に入っているのに気づいただろうか。ゴールデン・レトリーバーのミーラと、ハスキーのマイヤの遊びがだんだん乱暴になってきたので、間に割り込んで止めさせたところ。よく見ると、口唇もしまっていて、断固とした様子が伺える。

この様子を見ていたロニアは、自分もひとつこれに乗じて一緒に遊んでもらおうと、ちょうど群れの「ダマ」に参加した。さてこの後どうなったのか、その経過を追ってみよう。

No.c005

「ねぇ、私も仲間にいれて！」

ロニアは皆と一緒に遊びたい気持ちを、プレイバウ（お尻を持ち上げたまま前足を下げる姿勢）で見せている。マズルが上を向き、目は細く、とてもフレンドリーな表情だ。ロニアは勢いよく走りながらプレイバウをしているのだろう。柔軟な犬だからこその、とてもおかしな姿勢である。

しかし、保安官役を務めて忙しいフレディが次の瞬間、彼女に応答したのは…。

No.c006

　ロニアは元々とても明るい性格の犬だが、同時に若い犬だ。だから、他の犬たちがざわめいていると、まるで状況をわかっていないかのごとく、周りをぐるぐると走りだす。

　今やフレディとマイヤの間のテンションが上がっていのを見て、ロニアは一層ぐるぐる回りはじめ、子犬らしい動作を強化させる。子犬のように振る舞って、相手に自分がどんなに無害であるか、自分はこんなに遊びの気分なんだよ！ということを示そうとしているのだ。ただし、あまりにも「やり過ぎ」てしまい、時には大人犬をイラ立たせる。これが、フレディの応答だ。「うるさい！　今そんな暇がないんだ！」。

　この場合フレディとロニアの間に何も起こらなかったが、若い犬のこのような興奮した行動には注意をしておくこと。「やり過ぎているな」と思ったら、間に入って若犬の行動を止める。そしてテンションを落としてあげること。

「今そんな暇がないんだ！」

No.c007

　フレディは2頭の監視員役を続け、マイヤとミーラのところにとどまり、共に走り回っている。そして今やマイヤはいつになくしおらしく、フレディを下から仰いでいることに注目。子犬らしい表情まで見せている。彼女でも少しは他の犬に尊敬の念を持てるのだ。フレディの教育はこの2頭の若犬にとって、とても有効であった。

No.c008

No.c009

　今や4頭の仲間のムードは最高潮、と思いきや…。マイヤ（ハスキー）のフレディに対する視線と表情に注目。耳は立ちあがっている。

Chapter **3** BODY LANGUAGE
一時的に集まった飼い犬の行動シミュレーション

No.c010

フレディーの重心に注目

写真No.c009で既にマイヤの視線は何かを意図しているようであったが、案の定である。この間、一秒も経っていない。マイヤがフレディに戦いを挑んだ。マイヤの口角は短い。目はフレディを凝視している。背中に逆毛が立っていないのを見ると（マイヤは背毛が非常に立ちやすい犬）、この状況に自分なりのセルフ・コントロールをもって臨んでいるのがわかる。

No.c011

No.c012

フレディは突然走る向きを変えて、マイヤの挑戦をうまくかわした。フレディは、ロニアの遊びの誘いの方に興味を持ち、彼女をめがけて追いかけはじめた。

No.c013

マイヤは背中に逆毛を立たせながら、まだフレディをめがけて走っている。尾のポジション、頭部の下げ方、耳の前への傾き方からすると、マイヤは獲物追いごっこをやっているのかもしれない。

Chapter **3** 51

No.c014
マイヤは自分が群れを仕切りたいがために、フレディにまたもや挑戦をしようとした。

No.c015 
その行動が行き過ぎていたので、早速フレディが戒める。フレディはしっかりとマイヤを見つめる。「こら若造、自分の身をわきまえるんだ」。

しかし、フレディの尾は上がっておらず、脅すようなシグナルは表れていない。この点、彼は冷静。言葉遣いの上手な大人犬だ。フレディの意図は、ただ、このわからずやの大胆なハスキーにけじめというものを教えたいだけである。別にケンカを売って力比べをしようとしているのではない。

マイヤは、申し訳ないというポーズ（体全体の重心が後ろにかかっていて、尾が落ちている）をとりながらも、口角は短いし、なにしろ耳がまだ堂々と立っている。顔はちっとも申し訳ながってないのだ。彼女は興奮し、あいかわらず背中の毛を逆立てている。マイヤは若い犬らしく、皆ではしゃいで遊んで楽しいひと時を送りたいと思う一方で、時折群れを仕切りたいがための敵対行動に気持ちが翻弄される。このふたつの感情をコントロールすることができず、結局、後者の方の気持ちが勝ち、こうして争いの種を作るのである。

＞こら若造、自分の身をわきまえるんだ。

＞楽しいな、楽しいな！

この点は、ある心理的問題を抱える人間の子どもの気持ちと一緒である。「いい子」でありたいと思うのではあるが、「どうやっていい子になるか」がわからない。うちに秘める攻撃心が時々頭をもたげ、そちらの方が勝ってしまう。

一方、後ろのゴールデンの若犬は、自分の前でどんなドラマが繰り広げられているかなどお構いなしに、楽しそうに周りを走り続ける。

No.c016
マイヤは、相変わらず口をすぼめ、背中に逆毛を立たせている。この時点で、尾は写真No.c015より上がったが、まだ水平より下に保たれていた。そんな中、ゴールデンは相変わらず楽しそうだ。

＞な、なによ、あんた！

＞楽しいな、楽しいな！

Chapter **3** BODY LANGUAGE
一時的に集まった飼い犬の行動シミュレーション

No.c017

「尾を上げるなんて、まだ懲りないのか！生意気な娘だな！」

「あれ、どうしたのかな？」

この間、一秒も経っていない。ハスキーが尾を上げると、フレディは首を軽く噛み、まだ懲りない「生意気娘」を戒めた。無邪気に走りまわっていたゴールデンのミーラが、2頭の間のテンションに気がついた。

No.c018

「わかった、わかった、降参するよ。」

フレディはだんだん遊びのムードになってきて、このレスリングを楽しみはじめた。マイヤは「わかった、わかった、降参するよ」と体を低くしたものの、尾はあいからわず上がっている。だからフレディは、さらに自分の意図を強調しはじめた。遊びながら、マイヤに服従を要求しているのである。

No.c019

マイヤもこれが遊びだと気がつきはじめて、顔が穏やかになりだしている。耳は前ほど前に傾けられていない。尾も下がりはじめた。左耳はゴールデンの様子をうかがい、右耳でローデシアンの動向を伺っている。

No.c020

次の瞬間、マイヤは地面に押さえつけられた。ここで注目すべきは、写真No.c019ではフレディはマイヤの背中に体重をのせ、口で背中を固定して押さえていたのが、いったんマイヤが地面に落ちはじめると、そのプレッシャーをゆるめ、少し口を放しているという事実だ。つまり、これは優位の決定をするための試みではなく、フ

No.c021

レディは単にマイヤを矯正したかった（態度を改めさせる）だけなのだ。もし、これが序列の意味での取っ組み合いであれば、いったん地面に倒したら、そのままずっと口で押さえつけていたはずである。序列決定なのか、矯正か。この違いはとても大きい。

ドッグランの問題児

ドッグランに犬を放すのは、犬たちのやりとりを見ることができるし、自由に愛犬が走っている姿を楽しめる素敵なひと時です。ただし、どの犬でも放していいわけではありません。身体に障害がないのは大前提ですが、まずは飼い主との間にきちんと関係を築いている犬。そうでなければ、犬をドッグランに放すのを私はお勧めしません。なぜか？

まず、飼い主と関係ができていない犬は、飼い主を頼っていないから、何かあれば自分ですべてを解決しようとします。だからこそ、いざとなって呼んでもこちらへやってきません。そのうち、大きなケンカに巻き込まれてしまうのです。私だったら、前述のハスキーのマーヤを放さなかったでしょう。実は彼女、飼い主に対していまひとつ横柄だし、あまりコンタクトを持っていません。それだけでなく、生まれつき非常に気分が高ぶってしまう犬のようにも思えます。

いわゆる問題犬は、そもそも飼い主ときちんとした関係を築いていないから、問題ある行動を取ります。よって、問題犬を抱えている人は、ドッグランに放す際、トレーナーやコンサルタントなどの指導に従って、適切な相手を見つけてもらってフリーにさせる必要があります。なんといっても、ドッグランにはどんな相手犬がいるか分からないのですから。自分で勝手に「でも、うちの子はもともと性格がいいのだから！」などと犬をかばおうとしないことです。犬の性格が悪いというよりも、単に社会性の訓練不足や、飼い主を信頼していないあまりに生ずる気持ちの不安定さが問題行動につながっているだけです。

一方、飼い主とコンタクトを培っている犬は、「いざとなれば、ママが助けてくれる！」という人間との同盟意識をどこかにかならず携えています。だから、危険だと思った瞬間に飼い主が呼び戻せば、犬は喜んで指示に従うものです。「ああ、ありがとう助け舟を出してくれて！」と。

たとえ1頭飼いでも多頭飼いでも、飼い主は常に個々の犬と個別の絆を培ってなくてはならないということが、私の一番強調したい点です。

ケンカのシグナルは、早くから出ている！

ドッグランに一旦犬を出したら、人とおしゃべりに興じていないで、必ず自分の犬、そして群れ全体の雲行きを観察しておいてください。ドッグランでのケンカは、そうなる前に防げることもあります。

ケンカは、いかにも突然起こったように見えるものですが、実は犬たちは既に多くの「降参！降参！」とか「もう、たくさん、いい加減にして！」「僕は一頭でいたいんだ、独りにしてくれる？」シグナルを出していたはずです。しかし、相手犬がそのシグナルにお構いなしに追いかけ続けたり、取っ組み合いをけしかけたりしていると、相手がいよいよ自分を防衛しようと、攻撃しはじめる。そこから大ゲンカがはじまるのです。

犬たちのシグナルをちょっとでも発見していれば、飼い主はすかさず「やばい…！」と反応して、次ぎの瞬間には犬と犬の間に割って入り、余計な争いを防ぐことができます。

しかし、そのシグナルの出され方はとても微妙なのですね。だからよく観察していることが必要なのです。もしも飼い主同士でおしゃべりに興じて、ことが起きるまま放っておいたら、おそらく犬同士は大ケンカになることでしょう。ケンカの経験は、特に若い犬において大きな心の傷を残します。

3-2 ドッグスクール（しつけ教室）での行動心理

ドッグスクールでの犬の群れの統制の仕方

　室内でコースを開く場合、多くの犬たちを一部屋に押し込めなければいけないことがあります。そのとき飼い主はインストラクターの話を聴講しながら、一方で犬にも気を止めてなければいけません。さもないと、犬たちはケンカをしはじめてしまいますからね。何と言っても、ほとんどの犬同士は知らないもの同士です。

1 犬同士が目を合わさないように注意

　決して犬同士が目を合わさないように、細心の注意を払いましょう。特にオス同士、メス同士がにらみ合いをはじめると、トラブルが起こりがちです。最初は穏やかそうなアイコンタクトに見えても、十分の一秒で犬たちの感情は一遍。あっという間に大ケンカに発展してしまいます。

2 犬同士の距離を空けて座らせる

　最初は距離を空けて座らせること。特に室内という閉ざされた環境の場合、犬たちは逃げ場がないというプレッシャーで余計にストレスを感じるものです。
　座らせてしばらくすると、犬は「ママがいるから安心！」と確信するようになります。なぜなら、他の犬からの挑戦的な視線を受けていないからです。そして徐々に状況に慣れ、どのように振る舞えばいいかがわかりはじめて犬は自信を得てゆきます。

3 各犬のシグナルを飼い主に伝える

　決してすべての飼い主が、自分の犬の行動を理解しているなどと思わないように。犬が他の犬を見て頭を下げはじめる、睨みはじめる、そんなシグナルについてほとんどの飼い主は知識を持ち合わせていません。これはインストラクターが発見し、随時飼い主に指導を与えるべきことです。また授業を進めてゆくうちに、犬の癖なども発見してゆくでしょう。それに照らして、ボディランゲージの解釈を忘れずに。単なるストレス・シグナルではなく、本当にメンタル・キャパシティ（心の許容量）の限界を迎えている場合もあるのです。

4 飼い主のボディランゲージを読む

　飼い主が犬をまったく読めていないのを読めることも、インストラクターとして大事な資質です。その上で飼い主がどうすべきか、飼い主の犬解読レベルに合わせてアドバイスを与えます。飼い主の能力を察し、犬にどれほどトレーニングが入っているかを読むことは、インストラクターとして持つべき能力です。従ってインストラクターは、常にクラスルームで何が起きているか、犬だけでなく全員のボディランゲージを読む必要があるということ！　なかなか、責任の大きい仕事ですよね。

5 犬を教室にいさせるかどうかの判断をする

　たとえば、距離をあけて座らせているにもかかわらず、いつまでたっても神経質そうだったり、キャンキャン鳴いたり、心配そうにしている犬もいます。その場合は飼い主へ、椅子ではなく床に犬と一緒に座るようアドバイスをします。
　あるいは、何をしてもずっとキューキュー鳴き続ける犬もいるでしょう。この場合、犬のメンタル・キャパシティの限界。犬を車のケージに10分間戻し、また連れてくるように飼い主にアドバイスをするといいでしょう。その状態のままでは、クラスルームにいさせても意味がないというもの。それどころか、犬の気持ちをつぶしてしまうこともあります。

6 飼い主に犬の観察の仕方を伝える

　そして、飼い主には「常に自分の犬に注意を向けて、行動を観察すべき」と促してください。ただし、それは犬をじっと見つめることではありません。犬は、人間の視線の強さにプレッシャーを感じてしまいます。見つめるのではなく、常に犬が何をしているか気に留めている、そういう意味です。

7 レッスンをはじめる

　インストラクターは授業がはじまったら皆が一段落するまで、まずはあまりむずかしい講義をしないこと。何と言っても、生徒は自分たちの犬に注意を向けることで精一杯なのですから。
　しばらくすると犬も飼い主も状況に慣れ、飼い主にも授業を聞くだけの気持ちの余裕がでてきます。そこでインストラクターは、今日のメインテーマとなるべき大事なことを話はじめます。

怖がりやの犬を教室に入れるかどうか
（社会化訓練中の若犬、バーティの場合）

　グループレッスンなどの一時的な「群れ」状況に犬が適応するには、飼い主との関係がきちんと築かれていることがとても大事です。その関係ができあがっていない場合は、犬は飼い主をそもそも信頼していないわけですから、余計に怖がるか、興奮してしまいます。

　また、レッスンに申込んでいるからといって、すべての犬を同じ教室内に入れる必要はありません。状況によって、どの犬をどの教室に入れるかを判断していきます。

No.d001　唾液もストレスサインのひとつ

　バーティは5カ月のメス犬。ラブラドール・レトリーバーとシェパードのミックス犬だ。しかし飼い主のカイさんは、彼女の生い立ちを知らない。バーティはとにかく何かにつけて怖がる。社会化訓練をかねて、私のクラスへやってきた。

　クリニックに入ってくるなり、彼女のボディランゲージは不安と恐怖に満ちていた。怖いあまりに、カメラマンに向かって吠えている。口から唾液が出ていて、口角も前によっている。彼女のストレスの度合いが推し量れる。自分でどうしたらいいのか分からない状態にいるのだ。

　犬が成長するにつれこのような恐怖は徐々に消えてくることもあるが、しかしこの吠えるという行為をそのままにしておくと、たとえ恐怖心が消えても他の犬を見れば吠えるという癖は残ったままになってしまう。そこでカットオフシグナルを使い、吠える変わりに何か他のことをしてもらうよう犬に合図を出す。こうして、犬が若いうちに対処しておく。吠えるという癖だけは、「身につけ」させてはいけない。

犬の適応クラスは、性格で決める？年齢で決める？

　通常5カ月齢なら若犬を対象とした教室の方へ本来まわすべきなのだが、若犬たちというのは思春期で何かと騒がしい。オス犬同士でにらみ合いコンテストをしはじめたり、騒いだり、怒りだしたり。そんな犬たちの集団に彼女を放り込めば、敏感なバーティを余計に怖がらせてしまう。しかしクラスメートが子犬たちであれば、それほど彼女の緊張感は増さないはずだ。

　このように、クラスを構成するときは怖がりの犬をどう対処すべきか考える。いきなり教室に入れても、犬が怖がっていれば何も学べない。特にカイさんは、社会化訓練のために私のところに来ているのだ。余計に怖がらせては元も子もない。

No.d002　怖がりの度合いを試してみよう

　このような怖がり犬と接するときは、いきなり教室には入れない。授業がはじまる前に、まずどんな風にコンタクトを取るか試してみよう。いったいどれだけ怖がりなのだろうか。どう振る舞うのだろうか。

　私は普段、不安を感じている犬と接するときに、目を直視しないで頭頂のあたりを見て視線をごまかしている。ただしバーティほどの怖がりの犬と接するときは、直視を避けるだけではなく、顔全体を背けることである。彼女は私という人間をまったく知らない。だからできるだけプレッシャーを与えずに、初対面で安心感を与えたいのだ。

No.d003

「もしかして急に彼女がムードを変えたら！」

　バーディは、私の手にしたトリーツが欲しいようだ。私のボディランゲージに反応して、近づこうという気持ちが湧いた。目がアーモンド状で、耳は後ろに開かれている。しかしやっぱり怖い。「もしかして急に彼女がムードを変えたら！」。対立した感情のストレスから、舌をペロリと出す。

　飼い主のカイさんがリードを長くたらしている点にも注目。引っ張るような状態だと犬の気持ちをますます焦らせてしまう。

Chapter 3 一時的に集まった飼い犬の行動シミュレーション

No.d004

「いつ何時、彼女が私に攻撃してこないとは限らないもの」

No.d005

　授業がはじまる前に、皆にコース申込書を記入してもらう。すると、バーティは他人に近づいて行った。私たちは何か書いているときすっかり書くことに集中し、犬には気を留めていない。

　バーティのような犬にとって、これぞ恰好のチャンス。誰も気に留めてないから、プレッシャーを感じないで済む。そっとこの女性のニオイを嗅ぐ。体重は後ろにかけられているし、尾は下に落ちている。頭部も下げられている。しかし目線は女性に。「いつ何時、彼女が私に攻撃してこないとは限らないもの」。

　臆病で人見知りの犬を扱う場合、決してこちらからアプローチしないこと。素知らぬ振りをして、本でも読んでおく。こうして犬に観察する時間を与える（臆病だから、よく観察して、何も危険がないということをしっかり確認する必要があるのだ）。そして犬が近づいてきても、決して撫でたり急な動きをしないこと。

　少し自信を得たのか今度は、バーディは私に近づいて、誰であるのかを確認しようとしている。

No.d006

クラスがはじまる前の様子。バーディに近づきすぎないよう、他の犬たちを離しておく。

No.d007

バーディに少し余裕の表情が出てきた。というのも、向こうにいるシェパード・ミックスの子犬を見ているのである。写真No.d005と比較してほしい。先程までのバーディは、他の犬を見ることすらできなかった。

No.d008

「助けて、ママ！
私、怖い。」

シェパードを見ただけだが、バーディにとってはこの状況はなかなかつらい。飼い主のところに戻る。「助けて、もう私、しんどい…」。

No.d009

ハーネスをつけるように飼い主にアドバイスをした。ハーネスを付けるときも、いきなり体をつかんで、着させるようなことはしなかった。彼女は怖がり犬。ハーネスのニオイを嗅がせて、ゆっくりと接した。何も私たちは急ぐ必要はないのである。こうして、バーディにできるだけ余裕を持たせてあげる。

Chapter 3 一時的に集まった飼い犬の行動シミュレーション

No.d010

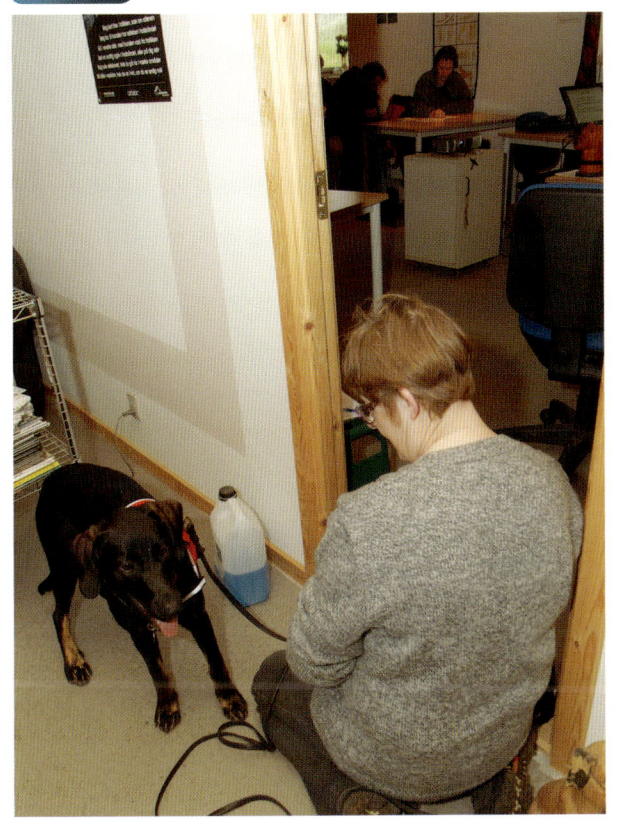

さて、授業がはじまった。私は飼い主のカイさんに、教室に入らないで、バーディと一緒に教室のドアのところで聴講するように指示をした。こうすれば狭い教室にバーディを押し込んで、周りの犬と空間的なプレッシャーを感ぜずに済む。この間、カイさんはバーディの行動を観察し続ける。授業はおろそかになってしまうが、もっともパピー教室の意味は、こういう風に社会化と環境馴致訓練の機会を犬たちに与えるのが目的だ。

No.d012

明るい兆し

好奇心が勝った。気持ちに余裕ができたバーディは、自分から教室内に入って様子を伺う！　でかした、バーディ。こうして、少しずつ自信をつけてあげる。いずれは皆と一緒に授業を受けられるはずだ。

No.d011

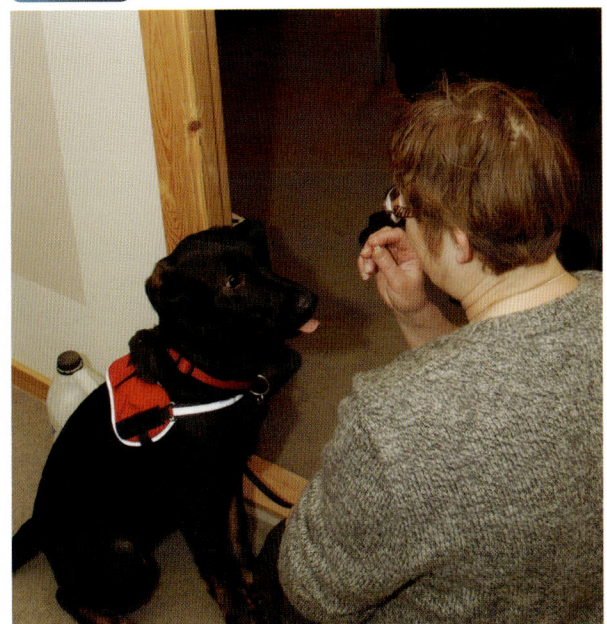

大人しくしていたから、カイさんはバーディにトリーツ。

No.d013

教室の中ではとてもビクビクしていたバーディだが、外に出されると空間があるせいか気持ちがリラックスし、それほど私を怖がらないようになっていた。教室という狭まれた空間が、いかにバーディのような臆病な犬にプレッシャーを与えるか。大勢の犬を室内に入れるとき、犬のこの気持ちをぜひ理解してほしい。

知らない犬同士を会わせるときのうまくいくコツ

アスラン　クイニー

　知らない犬同士を室内で合わせる場合に、少しでも片方の犬がムッとした様子だったり、警戒していたり、あるいは睨みつけたり、吠えている場合は、まずは広々とした屋外にて最初の対面を行わせよう。あるいは、犬の状態がよく読めずに、「はたして室内でケンカをしないで大人しくしてくれるかな」と確信が持てない場合も、とにかく外に出して犬同士を慣れさせること。

※この屋外の出会いのシーン（写真No.c014〜c017）は、後の4章（4-2）P108でさらに詳しく解説します。ここでは抜粋版として、どの状況になったら2頭を室内に移動させてよいのかの参考にしてください。

No.d014

向こうにボーダー・コリーのメス、クイニーを認めたアスラン。まだ何者か分からず、尾が立っている。

No.d015

「なんだい、君はメスじゃないか。どれどれ、アイデンティティを確認させてもらうよ。」

一旦メス犬だと分かったアスランは、尾のこわばりを解き、気持ちをリラックスさせる。「なんだい、君はメスじゃないか。どれどれ、アイデンティティを確認させてもらうよ」。クイニーは若犬らしく、すぐに地面に横になって、自分の無害さをアピールする。

No.d016

「もう、君のことわかったよ。じゃ、さよなら。」

しかしアスランは一通りニオイを嗅いだら、もうそれで気が済んだ。「もう、君が誰だということがわかったよ。OK。そんじゃ、さよなら」と去ってしまった。アスランにとっては、もう状況を解決したということで、これ以上関わる必要はない。

No.d017

しかし無関心を装うアスランに対して、クイニーはすっかり安心！　アスランと遊びたい気持ちがここに表れている。彼についてゆこうとするクイニーは、一生懸命彼の顔を見ている。アスランの尾は、はるかに柔らかくなっており、右に左にゆっくりと振られている。

　ここまで犬が和解していれば、この2頭は、室内でも何とかやっていける！

Chapter 3 　BODY LANGUAGE
一時的に集まった飼い犬の行動シミュレーション

No.d018

そして室内へ移動。ただし屋外でうまくいったからといって、室内でも自動的に仲良くなれると完全に安心をするべからず。環境が違えば、犬たちは別の視点で状況を見ようとする。犬たちの行動を、しっかりと観察すること！ 2頭は改めて室内であいさつを交わそうとする。しかし広い場所ではないので、クイニーは不安に感じて机の下に隠れた。

アスランが近づくと、怖さのために唇を引いて自分の心地の悪さを訴える。頭を低く下げる。しかしすでに外であいさつを交わしている2頭の間に、ここでは何の誤解も生じない。アスランは、クイニーの出す「怖がり」のシグナルをちゃんと読み取り、鼻をつけてニオイを嗅いでも、目はまともに犬に釘付けにせず、相手を安心させるために視線を外している。

No.d019

アスランはクイニーから離れて、相手を安心させるために舌をペロリと出した。

No.d020

アスランのカーミング・シグナルに応え、クイニーは頭を低くし用心深くテーブルの下から出てきた。このような状況で飼い主は「まぁ、さっき仲良くしていたでしょう。大丈夫よ！」などと、むりやりクイニーを机の下から絶対に引っぱり出してはいけない！　クイニー自身のペースで、相手犬に会わせること。

Chapter 3　61

ケンカが起こりそうなときの対応
(犬と犬の間に人が割って入って、ことなきを得た例)

アスランとダルメシアンのゲオの場合

アスラン **ゲオ**

No.d021

これは、ダルメシアンのゲオとアスランとの出会いのシーンである。ゲオはアスランにマウントをしようとしている(写真No.d021)。しかしアスランはなんとかゲオの意図をくじこうと、ことを荒立てずにその場を去る。嫌だというアスランの感情は舌をぺろりと出している動作からも察せられる(写真No.d022)。そしていよいよゲオの行為がしつこくなり、アスランの限界が近づいていると気づいた私は、2頭の間に入った(写真No.d023)。

2頭を引き離した後は、リードにつなぐ？ つながない？

2頭を引き離した後、私は特にアスランやゲオをリードでつないだりもせず、そのままにしておいた。この場合むしろゲオに、アスランのシグナルを学ばせたかった。アスランの感情は「ムッ」としている程度だから、一緒にしても危険はない。こうしたタイムアウトを時々入れるだけでOKだ。

ただし、もし本当に激しい怒りを見せているようであれば、そしてそれがケンカに発展してしまったら、その後はリードにつないで2頭を隔離させておくのに限る。

遊び相手は、犬も自分で選びたい？

飼い主によっては、どうしても犬同士を仲良くさせたい人もいるようだが、こうしてアスランが示したような微妙なシグナルによって、犬は「嫌だ」という意思を時々見せている。だから、その気持ちを尊重してあげること。もし本当に激しいケンカとなったら、二度と2頭を引き合わせないことである。犬はもう充分「嫌だ！」とケンカをしてまで自分を防衛し、その意思をはっきり示しているのだから。

そして、繰り返して言うが、すべての犬が仲良くするとは限らない。人間だって同じだ。嫌な人間とはかかわらない。気の合う人とだけ付き合う。ただし、人間と違って犬の場合、自分で会いたい犬を選べない。人間が会わせてくれる犬だけに限られているのだ。出会った犬がすべて仲良く遊ぶというのは、人間の勝手な妄想にすぎない。犬の現実の世界を受け入れるべきだろう。

飼い主同士の仲が良ければ、犬同士も仲良くできる？

もうひとつありがちな人間の思い込み。飼い主が大の友人同士だからといって、互いの犬についても、犬たちは仲良くすべきと当たり前のように考えること。この思い込みは危険だ！ もう一度、人間の場合に当てはめてみよう。もし隣のおばさんと私の母親が仲いいからといって、おばさんの子どもと私が大の親友になれるとは限らない。あるいは、それを母親から要求されても、非常に困る。嫌いなものは嫌いだ。あの子とは仲良くしたくない！

ある人が、なんとか自分の犬を友人の犬と仲良くさせたくて、ケージにいれて友人の家にやってきた。彼が考えたのは、ケージに入れて、友人の犬を見せることによって犬が状況に慣れてくれる、ということ。心理学用語では「馴化」と言うのだが、これを長い間行っていた。そして大丈夫だろう、という頃、その犬にマズルをつけてケージから出した。

しばらく何もなく友人同士はすっかりリラックスしていたのだが…。次の瞬間、またもや彼の犬は友人の犬と大ゲンカを起こしたのだ。

ということで、犬にも「気が合う」「合わない」という感情がある。もう何をやっても、好きになれない相手というのはいる。友人の犬に愛犬を引き合わせたとはいえ、互いが見せるシグナルをちゃんと冷静に読んで、愛犬と相手の犬の意思を尊重してほしい。

Chapter 3 BODY LANGUAGE
一時的に集まった飼い犬の行動シミュレーション

ケンカが起こりそうなときの対応

ゴールデン・レトリーバーの子犬ソーファスとシェットランド・シープドッグ、ディノの場合

ソーファス　ディノ

No.d024

No.d025

No.d026

No.d027

　子犬のソーファスと、犬嫌いな犬ディノとの出会いのシーン。遊びたくて仕方のない子犬ソーファスは、ディノを追い掛け回す。そこへディノの飼い主が2頭の間に入り、遊びを直ちに中断させた。5カ月になる子犬のソーファスが、まだ犬のお行儀というものを知らず、押せ押せでディノにじゃれようとするからだ。ディノは、最初は彼の遊びムードに応じたものの、根本的にそれほど犬同士の遊びに乗り気になる犬ではない。これ以上ソーファスのしたい放題にさせていると、いつかディノはフラストレーションからソーファスに対して攻撃的な態度をとるかもしれない。そこで私はディノの飼い主に間に入るように伝えた。

止めたのはソーファスのため？ディノのため？

　ディノの気持ちを尊重するために、遊びにブレーキをかけたわけだが、ここでは子犬を守るため、という意味もある。子犬期の大事な社会化訓練において、ケンカを経験させてしまっては、将来他の犬を怖がる成犬になってしまう。ケンカにいたれば、痛い目に合うのはもちろん子犬のソーファスの方。余計なトラウマを植え付けて将来攻撃的な犬にさせないためにも（怖いから相手をすぐに攻撃しようとする、という意味）、ここではぜひともケンカになる前に、2頭を遮るべき。

どちらの飼い主が止めるかも、重要なポイントだ！

　もうひとつ大事な点。このシーンで、ソーファスの飼い主ではなく、ディノの飼い主が間に入ったという事実。もし、ソーファスの飼い主が間に入ると、ソーファスはこれを「邪魔者」と考えるよりも、むしろ後ろ盾を得た、とより強気になる。
　「あ、ママも僕のことをサポートしてくれているんだ！」とか「ママがいてくれるから、もっと自信がでてきた！」と、ソーファスを応援してしまう形になってしまうのだ。
　誰が間に入るか、その点はきちんと考えて行うこと。まずは、攻めている犬の飼い主が、間に入らないことである。一番いいのは、どちらの飼い主でもない人間が間に入ることだろう。

ケンカが起こりそうなときの対応

ローデシアン・リッジバックのバッセとボーダー・コリーのリッケの場合

No.d028 止め方のお手本、飼い主の重心に注目！

攻められている犬の飼い主が、間に入ったお手本の例。ローデシアン・リッジバックのバッセは、犬種の特性として遊び方がとても豪快で、同時にやや乱暴。まだ若く、そして何かと神経の細かいボーダー・コリーのリッケには、バッセの遊び方に少し辛いものがある。リッケの気持ちが「怖さ」で爆発して攻撃的な行動に移る前に、リッケの飼い主がすかさず間に入り、バッセの行動にブレーキをかけた。バッセのボディランゲージを見てほしい。「あ、ごめん、ごめん！」体は低く保たれ、耳は後ろに。尾も落ちた。それはリッケの飼い主が前に体重をかけ、バッセを威嚇しているからだ。

No.d029

あ、ごめん、ごめん！

3-3 犬の保育園（一時預かり所）での行動心理

定期的に会っている、知り合い犬同士の遊び方

"犬の保育園・幼稚園"のような一時預かりの施設を、デイケアセンターと呼んでいます。このような定期的に会っている顔見知りの犬同士は、ドッグランなどの初対面の犬同士、また互いをよく知るファミリードッグとは、違った行動を見せるものです。ここで、彼らの行動を見ていきましょう。

スウェーデンのとあるデイケアセンターを訪ねました。この施設の一日のスケジュールは、預かり犬たちが全員そろう8時からはじまります。スタッフは、犬を"小型犬"と"中大型犬"（柴犬以上の大きさ）の2つのグループに分け、まずは小型犬組を散歩に出します。その間に、中大型犬組をドッグランに出して2時間遊ばせます。

その後、室内に戻って各お部屋でお昼寝。スタッフが昼食をとった後、さらに2時間の散歩です。室内で寝ている時間があまりないというのも、素晴らしい点です。さらに、このデイケアセンターの近くには川があるので、熱いときはそこで犬たちに水浴びをさせてあげるとのこと。とても自然に恵まれた立地です。街から車でたったの5分の距離なのに、ここには川が流れ、周りは馬の牧草地に囲まれています。これなら犬たちも、落ち着いて一日を過ごすことができるでしょう。

デイケアセンターの主な預かり犬たち　●中大型犬組

- シンバ（バセンジ。スピード走行が好き）
- ペプシ（オスのボーダー・コリー。腰が低いがゆえに他の犬を怒らせる） 
- ティニー（アメリカン・スタフォードシャー・テリアのミックス。体当たり格闘遊びが好き） 
- ニーア（ボクサー・ミックス。メス犬のボス格。体当たりやレスリング遊びが好き） 
- タニア（メスのゴールデン・レトリーバー。常に中立な立場を保つ） 
- ロニア（スパニッシュ・ウォータードッグのメス。素早い動きの犬が苦手） 
- ステラ（グリフォン・ニヴェルネというハウンドの狩猟犬） 
- モーリス（バーニーズの若いオス犬。仲間の遊びには強引に参加するタイプ） 
- バルダー（ワイマラナー、ラブラドール、グレーハウンドのミックス。走ったり飛んだり跳ねたりするのが好き。犬あたりが良く、やさしい性格）

デイケアセンターの主な預かり犬たち　●小型犬組

オッレ（スタッフォードシャー・テリア。やんちゃ盛りな10ヶ月の若いオス犬）

サーシャ（ダックスフンドのメス。ボスへのご機嫌取りが日課）

ミロ（ジャックラッセル・テリア。激しい遊びが好き）

ドリス（プードル。ひとりの時間を楽しめる犬）

ミルトン（ワイヤード・フォックス・テリア。オス犬のボス格）

ディーラ（ヨーキー・ミックス。体に痛みがある）

（ボーダー・テリア。群れに馴染めない）

（老いたゴールデン・レトリーバー。小型犬組にいる）

アイラ（イタリアン・サイトハウンド。群れの見回り犬）

アリス（ギリシャの元ストリート・ドッグ。メス犬のボス格）

遊び相手に良い、犬の相性と組合せとは？

　デイケアセンターで面白いのは、ドッグランにいる犬たちのソーシャル・プレイ（社会的な遊び）を観察できること。犬たちは互いをよく知り合っていて慣れてはいるのですが、全員が毎日規則的に来るとは限らないようです（ある犬は週に３回、ある犬は来たり来なかったり）。だから毎回、メンバー構成に少しずつバリエーションがあります。その度に犬たちは、そこここで行動を調節したり、相手の動向を伺ってみたりします。なので、見ていて決して飽きません。私はこれを「貧乏人のテレビ」と呼んでいます。テレビなんかなくても、犬たちを見ていれば充分楽しめる！

　ボディランゲージがあちこちに見えて、小さなドラマがそこここで繰り広げられています。群れの中心になって騒ぎだす犬、体当たりで遊ぶ犬、何があってもいつも素知らぬ振りを決め込む犬、すぐに誰かを牛耳ろうとする犬、かと思えばやたらと腰が低い犬！

　そして犬たちには、お気に入りのプレイメイトがいます。たいていは、似たようなボディランゲージを見せる者同士。たとえば後述するバセンジのシンバとワイマラナー・ミックスのバルダーが、いつも一緒に遊ぶのは、互いの体の動かし方（素早いか、ゆったりしているか）、遊び方（追いかけっこが好きか、あるいは取っ組み合いが好きか）の気質が似ている犬同士だからです。

　反対に、遊び方が違うと、意図を誤解されたり、片方がイラついたりと、犬同士気まずくなってしまうでしょう。遊びたがる犬が遊びたがらない犬と一緒になると、遊びたくない方が相手の度重なるトライに疲れてしまいます。最後には、歯を見せて「もう遊びたくないのだから、ここから消えろ！」と攻撃行動を見せることも。

　あるいは、スピード走行の大好きなバセンジのシンバと、何かとすぐに「謝ろう」とする腰の低いボーダー・コリーのペプシをもし無理矢理に一緒に遊ばせれば、なかなか遊びが進まず、バセンジがイラついてしまうはずです。

　室内でも、似た者同士の方がうまく折り合っていくことができます。デイケアセンターの屋内は約２０部屋に仕切られていますが、そこにたいてい２頭の犬が入ります。共有するときは、やはり性格の似た者同士を入れるとのこと。スタッフのひとりは、ユーモアを交えてこう語ってくれました。

「ゴールデン・レトリーバーであれば、やはり同じゴールデンがルームメイトの方がいいですね。たとえばボクサーとなんかより気が落ち着くようです。

ボクサーは何かと自分の強さを見せなければ気が済まないというか、誰もをライバルにしてしまう。それはゴールデンの性ではない。でもゴールデン同士であれば、うっとりとお互いを見ながら『あなた素敵ね』『いや、君も素敵だよ』なんて、褒め合っているからやっぱり波長が合うのですよね！

一方でうちに今来ているボクサーは、ローデシアン・リッジバックと一緒に部屋をシェアしています。お互いに何か一言二言、言いたいタイプなのですが、それでも仲良く同じ部屋にいられるのは、気質が似ていて互いの存在に対して「一緒にいてしんどい！」などと感じないから。自分が自分でいられることを、互いに認め合っているわけですね」。

小型犬の部屋

ここは小型犬が集団で過ごせる部屋。8頭が収容可能（スウェーデンの愛護法ではひとつの部屋に10頭以上の犬を収容してはいけないことになっている）。このように犬舎のすべてが同じサイズの部屋で成り立っているのではなく、ある部屋は4頭用、ある部屋は2頭用とまちまちである（ただしほとんどは2頭用）。保育園長であるテレースさんは部屋に1頭だけ犬を閉じ込めるのは嫌だという方針で、ほとんどの犬たちが誰かルームメイトを持っている。

預かり犬たちをコントロールする方法

犬の群れにコントロールを持たせたい、犬の安全を考えて秩序のある群れを形成させたいと思うのなら、監視者あるいは飼育者は、群れの各々のメンバーときちんとした関係を築いていなければなりません。ただ闇雲に犬たちを群れに放り込み、一緒にすればいいというものではないのですね。そう、つまり一頭飼いと同じように、一頭一頭が人間とコンタクトを持っている、名前を呼べば来る、カットオフシグナルを理解できる、エチケットを守れる、という風に互いに協調しようとする関係ができていること。

今回訪れたデイケアセンターの責任者、テレースさんは「必要なら、2頭のケンカしている間に割って入って、犬の行動を止めさせることもできます」と話してくれました。これはどういうことかというと、彼女は一頭一頭の犬との関係をきちんと持っているので、いざというときに犬たちの行動をコントロールできるのです。

「たとえ家庭で甘やかされてあまりお行儀のいい犬ではなくとも、私たちスタッフがその犬と関係作りをすると、少なくともデイケアにいる間は私たちのルールというのを守って、非常に協調心に溢れた犬になります。しかし一旦ここを離れ家に戻ると、もとの犬、というケースはよくあるのですよ」。

中大型犬の行動シミュレーション

ドッグランで犬たちが見せる様々な小ドラマを、以下のように綴ってみました。このような任意の犬の群れと、ひとつの家庭に飼われている固定した犬の群れとで、群れの性質がどう違うか比較してみてください。

No.e002

デイケアセンターの犬舎兼オフィスから朝のドッグラン・タイムで、一斉に中大型犬組がリードに引かれ出てくる。皆お行儀よく歩き、スタッフの課しているここのルールをちゃんと把握していた。そして犬たちは、互いにずいぶん慣れているようだ。犬がルールを把握するには、まずスタッフと個人的な関係ができあがっていなけ

No.e003

ればならない。そのため、集団で散歩に出す前には、各犬は個別でスタッフと散歩をすることからはじめる。「その関係をきちんと築き上げるには2週間ぐらいかかります」とテレースさん。
　ドッグランの囲いに入れるときも、ちゃんと秩序を守らせながら。

No.e004

ドッグランに入ってきても、一斉には全員を放さない。2頭がまずリードにつながれて残されてしまった。このバセンジのシンバは、囲いに入るなりいきなり走りだすので、他の犬たちもそれに呼応して彼を追いかけはじめる。そして群れ全体が落ち着かなくなり、しばらく興奮してしまうのだ。それで、皆が囲いの中で少し落ち着き、他に何かやることを見つけるまで、こうしてつないで待たせておく。
　ドッグランの中の秩序は、このようにデイケアセンターの職員によって厳しく管理されている。

Chapter 3 　一時的に集まった飼い犬の行動シミュレーション

No.e005

（嗅がせなさいよ）
（ティニー）
（ペプシ）

腰の低い犬、ペプシのあいさつ

　ボーダー・コリーのオス、ペプシ。彼こそが、誰に合ってもいつも済まなさそうにせずはいられない腰の低い犬。群れに入れば、一番低い地位にいようとする。
　アメリカン・スタフォードシャー・テリアのミックスであるティニーは、ペプシに「嗅がせなさいよ」と要求をしている。尾が立っているところからも、かなり強気にペプシにあたっているが、S字のカーブを描いているから親しみは充分込められている。後ろを通るゴールデン・レトリーバーは、まるで関心のない振りをしてこの場をチェックしにやってくる。

No.e006

（ちょっと横を通るだけだからね。気にしないで！）
（ああ、こういうの嫌なんだけどなぁ。）

　ペプシは、顔を背ける。耳が後ろに引かれており、顔の表情はつらそうだ。「ああ、こういうの嫌なんだけどなぁ」と、ティニーのすることをしぶしぶ受け入れている。
　後ろを通るゴールデンの表情がユーモラスだ。「ちょっと横を失礼するだけ、僕に気がつかないでね。何も君たちのやっているところ見ていないから」。前の写真よりも、尾を下げていることにも注目。

No.e007

タニア

ニーア

リードの犬とフリーな犬のあいさつ

　ゴールデン・レトリーバーのタニアは、うんちを食べたがる。なので、みんなが囲いに放たれて一通りの用足しを済ませたら、放してもらえる。

　そこに、この群れで一番ボス的な存在のメスのボクサー・ミックス、ニーアが近寄って来た。通常は、リードをつけたままで他の犬に面会させるのは御法度だ。しかしこの群れでは、仲間同士互いによく知り合っている。リードにつながれていても問題なさそうである。ただし、私はあまりこの方法は好きになれない。が、デイケアを運営してみると、実際にこうするしか方法がなくなってしまうのだろう。でも犬にとってはフェアではない。

　ニーアは尾を上げながら、タニアのそばにやってくる。タニアは目を合わさないようにしている。

No.e008

君を怖がらせたりしないから！

　面白いのは、ニーアは肩をいからせてやって来たわりには、頭を落としてマズルを上げてあいさつをはじめたこと。これはまさにタニアに対するカーミング・シグナルだ。リードで彼女の体の自由が利かないのを分かっているのだろう。「君を怖がらせたりしないから！」。

No.e009

　あいさつが終わり、ニーアが離れると緊張が解けた。タニアは、姿勢を立て直し、体を振ろうとする直前である。

Chapter 3　BODY LANGUAGE
一時的に集まった飼い犬の行動シミュレーション

緊張感ある一触即発の会話
(ケンカが起こるかどうかの瀬戸際のシーンを見てみよう)

ニーア　ロニア

　これはドッグランなどでよく見かけるシーンで、私は名付けて「緊張ゲーム」と呼んでいます。両犬の間の空気に、一触即発の緊張感が読めるでしょうか。このゲームの結果は、時には平和解決に終わることがあるし、時には一瞬にしてケンカに発展することもあります。

No.e010

「ただあいさつしに来ただけ。何も敵意はないからね。」ニーア
ロニア

　ニーアは、スパニッシュ・ウォータードッグのメスであるロニアに近づいた。「ただあいさつしに来ただけ、何も敵意はないから」というシグナルを出しながら近づき、2頭はT字に並んだ。たいていT字の縦線の部分にいる個体は、心理的に強い場合が多い（状況による）。しかし、ニーアがそれほど誇示的な態度に出ていないのは、彼女の低く振られている尾から伺える。

No.e011

　ロニアは離れた。ニーアはただし、すぐにでもこの緊張状態から解けて、遊びを誘発したいようにも思える。彼女は体当たりやレスリング遊びが好きな活発なボクサーだ。しかしニーアの尾が上がった。犬の会話には、この曖昧なシグナルがたくさん出される。遊ぼうと言った次の瞬間には、強気を見せるシグナルを出したりするのだ。そのような気持ちの変化は数十分の一秒で出されるから、人間の目からするとあっという間にケンカになることもしばしばだ。

No.e012

ロニアは顔を背けた。少しだけ空気が和らいだ。

No.d013

　ロニアが、ニーアの方に顔を向けた。ニーアは視線をロニアから外し、カメラマンの方を見ている。ロニアの尾がS字になっているから、緊張状態が次第に解けつつあるのかもしれない。

No.e014

ニーア / ロニア

2頭はくるくると歩き回りはじめた。やはりまだまだ緊張状態は続く。ニーアはロニアの肩越しを嗅ぎ、やや誇示的な態度に出ている。尾もまた上がる。

No.e015

> ま、ロニアとは遊ぶのを諦めとこうかしら。

ロニアの尾がやや強張る一方で、ニーアの尾は柔らかくなる。ロニアは、中々強気な若いメスだ。しかし、これはどうやらケンカにはいたりそうもない。ニーアはかなり譲歩して、耳を後ろの方に倒し、自分の平和な意図を知らせようとしている。今や、ロニアを見ていない。「ま、ロニアとは遊ぶのを諦めとこうかしら」そんな心情だろうか。

No.e016

すると、だ。ロニアはとうとう緊張ゲームに勝ち、相手にお尻を嗅がせろと自分の要求を通した。しかし、彼女は決して威嚇するような態度をみせず、すべてのことを静かで平和に対処した。ニーアの頭は低くさがり、ロニアを挑発しないようにしている。

Chapter 3 BODY LANGUAGE 一時的に集まった飼い犬の行動シミュレーション

割って入る犬が「おまわりさん」役とは限らない例
（仲間に入れてほしいバーニーズの場合）

モーリス

No.e017

何してるの？

ティニー　ペプシ　モーリス

　ボーダー・コリーのペプシが、アメリカン・スタフォードシャー・テリア・ミックスのティニーと「白熱」した取っ組み合い遊びをしている横で、バーニーズの若いオス犬、モーリスが中に入ろうとするのだが、まったく相手にされず。

No.e018

ねぇねぇ。

　彼は、自分もこの遊びに参加したいのだ。しかしティニーもペプシも、モーリスのことなど目に入っていない。

No.e019

だったら、無理矢理入ってやる！

　「どうしても入れてくれないのなら、無理矢理入ってやる！」とモーリス。かなり強引な方法だが何もケンカにはいたらず、数秒後には3頭は平和に解散。また別の遊びに打ち込みはじめた。
　このように、2頭が遊んでいるそばに横入りしてくる犬が、必ずしもいつも仲裁役の「おまわりさん」をやっているわけではないのである。

俊敏な犬と、スローペースな犬の会話
(動きの速度が合わない犬同士は、遊びに発展するのか)

バルダー　ロニア

No.e020

「私はあなたの遊びの誘いに乗らないわ!」

バルダーは、ワイマラナー、ラブラドール、そしてグレーハウンドのミックス。さすがグレーハウンドの血が入っているからか、走ったり飛んだり跳ねたりと、彼の遊び方はサイトハウンド系のそれ。片やロニアは、そのような素早い動きの遊びをする犬ではない。

2頭はあいさつの儀式を行い、しばらく状況は硬直し続けていた。だが、バルダーがプレイバウを行い、遊びに誘った。

しかしそれでもロニアは、ニーアと接したときと同じように、ただそこにやや強張った調子で留まっているだけ。「私はあなたの遊びの誘いに乗らないわ!」

プレイバウの行動心理

プレイバウとは、お尻を持ち上げ、頭と前脚の位置を低くする姿勢。相手に「遊ぼうよ!」の意図を伝えるときに、犬がよく行う行動だ。だからといって、この行動がいつも遊びを誘っているわけでもない。

プレイバウは、単なる遊びを誘うだけの意図のときもあれば、むっとしている相手をなだめて、その場の雰囲気を和らげるための意図のときなど、いくつかの機能がある。その時の状況で判断すべきだ。

No.e021

しかし、バルダーは粘ったかいがあった。ロニアは、尾を落として振りはじめた。もしかして…?

No.e022

「お、乗って来た、乗って来たぞ!」

お、乗って来た、乗って来た、とばかりにバルダーはにやりと笑う。

Chapter 3

Chapter **3** BODY LANGUAGE
一時的に集まった飼い犬の行動シミュレーション

No.e023

しかしバルダーときたら、このやたらとすばしっこい動きを繰り返す。もっと白熱した遊びを繰り広げたい彼！　ただし…

No.e024

「そういう遊びならしたくない。」

そういう遊びならしたくない、とロニア。だからその場を離れる。

No.e025

「勝手にやれば。」
「いやいや、そんなことを言わずに。」

いやいや、そんなことを言わずに、とバルダーはバルダー流の遊びを披露する。とにかく走り回ったり、飛んだり跳ねたり。その間、ロニアの方は、勝手にやればという風だ。

No.e026

「そうは、いかないわよ！」
「では、お尻を嗅がせていただきます！」

では、お尻を嗅がせていただきます！とバルダーがやってくると、「そうは、いかないわよ！」とさっと振り返る。

No.e027

悪い、悪い！

　このときのバルダーの表情を見てほしい。耳が後ろに寝かされた。「悪い、悪い！」とでも言っているかのようだ。緊張をほぐすために、バルダーはプレイバウを行い、さらに遊びに誘うが…。

No.e028

ねぇ、遊ぼうったら。

No.e029

あっちへ行って！うるさいわよ、あんた！

　「あっちへ行って！うるさいわよ、あんた！」とロニア。バルダーが白目を見せる。そしてロニアの短い口角と出された歯に注目。「あっちへいけ」という防衛心からくる攻撃シグナルだ。
　バルダーは決してデイケアセンターの「乱暴者」などではない。センターのスタッフによると、彼は誰にでもとても「犬あたり」がよく、やさしい性格だ。私の観察からも、耳をよく使い、自分の「親和」の意図を皆に示そうとしている。ただ、バルダーとロニアでは遊び方が違う、というだけのことだ。

Chapter 3 BODY LANGUAGE
一時的に集まった飼い犬の行動シミュレーション

俊敏な犬同士の激しい遊びの会話
(走りまわる狩猟ごっこ
「サイトハウンド遊び」を見てみよう)

シンバ　バルダー

No.e030

待ってました！　バルダー　シンバ

　バルダーにぴったりの遊び相手は、この方。バセンジのシンバ。バセンジはルアーコーシングというサイトハウンドの行うスピードスポーツに参加するほど、走りの大好きな犬。ならば2頭の息は合うはずだ。
　シンバが走りながらバルダーにアイコンタクトをとると、「待ってました！」とバルダーが駆け寄って来た。そして首筋を狙う。これは、捕食獣が獲物を倒すときと同じ行動の仕方だが、ここは遊び。歯の力を加減している。このように、犬の遊びには捕食行動のレパートリーをたくさん見いだすことができる。

No.e031

　バルダーはまさに「捕食獣」だ。今度は、走りながらキ甲の部分に食らいついた。しかし、この場合も噛む強さは充分加減されており、単なる「狩猟ごっこ」にすぎないことが、この写真からわかる。
　この行動も逃げる獲物を地面に倒すためのもの。だから、バルダーがもし本気をだしていたなら、一旦食らいついた後、相手が地

No.e032

面に倒れるまで顎の力をゆるめず、体重をかけていたはずだ。
　興味深いのは、こんなラフな遊びに対して、怖がったり抵抗したりもせずに、ずっとバルダーにつき合うシンバ。やはり、この遊び方が彼の気質にもあっているのだ。

誘いをかわすのがうまい犬、シンバの話術
(遊びたくない相手に誘われたら、どう断ると角が立たないのか)

No.e033

この写真の中には、たくさんの犬模様が詰まっている。まず左に見えるボーダー・コリーのペプシ。彼のランクは低い。しかしいつもこうして仲間のそばにやってきて、自分も遊びたいなぁと思うのである。ただし彼は、遊びに加わるたびに、みんなに叱責を受ける(写真No.e034-036およびe037を参照)。

No.e034 **No.e035**  **No.e036**  **No.e037**

ペプシのこの行動は、このようにすっと横から入り、まるで獲物をおそうがごとく首筋を狙うのだ。急に来られるから、多くの犬はびっくりして不快に感じるらしい。よって皆に嫌がられてしまうのだろう。

No.e038

そしてバセンジのシンバと気の合う友達バルダーが、相変わらず遊びほうける。その間にやってきたのが、ボクサー・ミックスのメス犬、ニーア。彼女も遊びに加わりたそうで、前脚を上げて遊びの誘いを行う。

プレイバウと同様に、この動作も遊びを誘うときによく見られる。背に向かって落ちた尾に注目してみよう。これは通常、相手に対して「私の立場を認めるのよ！」という相手を戒める感情のときに表れるボディ表現だが、ここでは遊びの中に使われているので、「戒め」と解釈するよりも単にニーアの遊び気分の盛り上がりのために見せられたものと理解した方がよさそうだ。

そして、手前のゴールデン・レトリーバーのタニア。周りが大騒ぎをしているのに、我関せずで穴堀を行っている。これは、穴掘りにがむしゃらになるがゆえに周りがまったく見えていないというよりも、第2章「多頭飼い犬の行動シミュレーション」に出てくるマーヤが中立の立場を絶えずとっていた態度に近いものとして解釈するといいだろう。ゴールデンは穴堀にいそしむことで、周りのごたごたに巻き込まれないようにしている。でもこれが、彼女にとっての群れの行動に参加するひとつの手段。皆のそばにいたいのは確かなのだが。だから彼女のこの行動は、いわば転位行動とも読み取れる。群れのそばにいたい、でもトラブルには巻き込まれたくない。だから穴を掘る、という具合だ。

ただし、本当に穴掘りが好きで、完全にその行為に熱中してしまう犬もいる。

Chapter 3

Chapter **3** BODY LANGUAGE
一時的に集まった飼い犬の行動シミュレーション

No.e039

　ニーアの行動が行き過ぎたために、バセンジのシンバは彼女から離れた。尾の先は下に落ち、うんざりした感じだ。一方、ニーアは耳を後ろにし、尾の先は外に向けて親和のシグナルを出している。

No.e040

　フラストレーションが募ると、ニーアとシンバの間にテンションが出来上がる。それを避けんとして、シンバは自分の注意を別の方向に向けた。そしてバルダーの耳の周りを嗅ぐことで、遊びを誘った。こうして、できあがるかもしれない緊張状態を解決できるシンバの才能は見事である。というのも、犬にとっては、自分の注意を別に向けようとするには、大変な努力を要する。バセンジは犬として、まだまだ原始の部分を備えたふるいタイプの犬種である。行動にも、犬らしいものが残されているのだろう。

No.e041

　ニーアはまだ諦めない。彼女はなんとかシンバと遊ぼうとしているだけだ。前脚を出して、遊びの誘いを行う。これは攻撃的な意味で前脚を出したわけではない。耳が後ろに引かれている。しかし次の瞬間…。

No.e042

シンバはまた自分の注意を、バルダーに向けたのだ。

Chapter 3

腰の低い犬、ペプシの勘違い話術
(謙虚にしていればケンカに巻き込まれないなんて大間違い)

No.e043

No.e044

No.e045

No.e046

　ボーダー・コリーのペプシは、犬だけではなく、人間に対しても腰が低い（写真No.e043-044）。これがペプシ流のあいさつなのだ。いつも自分がどんなに謙虚か、こうして地面を転がることで表現し、群れになじもうとする。
　このようなあまりにも服従的な行動は、時に他の犬をイライラさせるときがある。そして攻撃を受けてしまうのだ。しかし、その服従的な行動をとる犬は、どうして攻撃を受けたか分からない。だからさらに服従的な行動を取り続けるわけで、こうなると悪循環となる。
　私であれば、写真No.e043の時点で、ペプシの行為をやめさせていただろう。何も、こんなにお腹まで出さなくてもいいのだ（写真No.e044）。ここまで相手に済まなさそうにする行動は、もはや自然の状態ではない。
　飼い主によっては、いくら犬が「謝っていても」まだまだそれでは足りないとばかり、威圧的な態度を取り、犬をリラックスさせない状態を作ることがある。そんなことをいつも経験している犬は、別に何もしなくとも、飼い主を見ただけで耳をうしろに倒して、体と頭を低くし、カーミング・シグナルを出し続ける。これは、ある意味で、犬が飼い主のことを信頼していない証拠でもある。つまり、犬はいつ飼い主に威圧的な態度をとられて、居心地の悪い思いをしなくてはならないかが予想できないのだ。これでは犬に飼い主が安全な存在として信頼されないだろう。

Chapter 3 BODY LANGUAGE
一時的に集まった飼い犬の行動シミュレーション

鼻を突き合わせて固まる瞬間の行動心理
（よく見かけるこのシーン、
　2頭の間で何が起きようとしているのか）

シンバ　ステラ

No.e047

バセンジのシンバは、砂場を嗅いでいるバルダーの首に向かってゆく。これも、慣れている同士の遊びの誘い行動だ。

No.e048

おまわりさん登場

2頭のやり合いに、おまわりさん役を買って出たステラが、間に割り込もうとする。ちなみにステラは、フランスを原産国とするとても珍しい犬種だ。グリフォン・ニヴェルネというハウンドの狩猟犬。

Chapter 3　81

No.e049

思わず顔が近づく

一旦割ると、2頭はカーミング・シグナルとして地面を嗅ぎはじめたが、顔がつきあってしまった途端、そこから2頭の間に、ちょっとした緊張感が。

No.e050

2頭が固まる

犬同士が動きを止める。相手の動向をうかがう行動、フリーズする。遊びの間に使わると、役割交換の役目をはたす（追うものと追われるものの役割交換）。この場合、次に何をするか、互いに意向を確かめようとしている。

No.e051

お手柔らかに、お手柔らかに、僕はケンカは買わないからね

うまくかわした!

しかしシンバは、カーミング・シグナルを出した。前脚を出して「お手柔らかに、お手柔らかに、僕はケンカは買わないからね」。

Chapter 3　BODY LANGUAGE
一時的に集まった飼い犬の行動シミュレーション

体当たりが好きな犬の「格闘遊び」、ティニーの場合

ティニー　シンバ

No.e052

　アメリカン・スタフォードシャー・テリアのスリムなティニー。彼女も、シンバの首攻撃をしながら遊ぶ。シンバは、ティニーともバルダーともよく遊ぶ。
　身軽さを活かしたティニーの機敏な動きは、バルダーのそれとほぼ変わらないのであるが、しかし、この2頭が特に好んで遊んでいる様子はなかった。

No.e053　　　No.e054

　これがティニーの好きな遊び方。ブル系に典型的な「格闘」遊び。一方で、バルダーのそれはサイトハウンド遊びだ。格闘遊びというのは、サイトハウンド遊びの走りまわる狩猟ごっこと比較すると、むしろ相手に体当たりしたりぶつかったり、前脚でボクシングしたりと、相手に体重をかけることが多い。よってそれなりに動くパターン、態度、行動も異なるわけで、サイトハウンド系の犬たちとは相容れなくなる。格闘遊びは、ただし、かなり挑戦的だし、ラフなので同じマインドを持たない他の犬を時に脅かせてしまうこともある。というわけで遊びのパターンを知った上で、犬たちの友達を見つけてあげるのは、大事なことだ。そして格闘系は格闘系と遊ぶのに限るのだ。
　ティニーは乱暴に遊んでいるが歯を加減しながら使う。力をつねに加減し親和なシグナルを出している証拠に、この通り、耳は引かれ、背は丸まっている（写真No.e053）。うっかり相手に誤解を与えないよう、たえずシグナルを出して遊んでいる。

No.e055

　写真No.e053-e054で示したように、犬同士の遊びが熱くなってくるとケンカに発展する恐れがあるので、2頭の間にスタッフが時々こうして割って入る。すべての取っ組み合いにこういう対処をしているわけではない。これはケンカに発展しそう、というのが犬のボディシグナルから分かるのだ。スタッフは特にボーダー・コリーのペプシの行動に目を光らせていた。前述したように、ペプシのあまりにも服従的な行動が他の犬を時にイラ立たせるためもあるだろう。

小型犬の行動シミュレーション

デイケアセンターのドッグランは、午後は小型犬が占有します。小型犬と大型犬を一緒にしないのは、やはりアクティビティ・レベルが異なるから。それから、小型ゆえに、時には獲物に見立てられ、追いかけられてしまうこともあります。これは危険です。小型犬を飼っている人は、狩猟欲の強い大型犬がいる囲いに自分の犬をいれないことです。

No.e056

スタッフの話によると、意外、大型犬たちよりも、むしろ小型犬の集団散歩の方が難しいという。その理由は、大型犬たちの方がよくしつけられているからだそうだ。小型犬は、抱きかかえられることも多く、そもそもリードにきちんと従って歩くということが苦手。各々の犬の歩く速度も、いる場所も、顔が向いている方向もばらばらだ。

No.e057

No.e058

ドッグランの囲いの中に入るや否や、すぐに元気よく走り出したのは、他でもないこのスタッフォードシャー・テリアのオッレ。10カ月の若犬。オスである。この犬種に特有の元気さと、ユーモアを披露してくれた。このデイケアセンターの中でも、小型犬の中で一番活発な犬だそうだ。

Chapter 3　BODY LANGUAGE
一時的に集まった飼い犬の行動シミュレーション

No.e059

準備万端だよ。
いつでもいく
ぞ〜！

サーシャ

　マール柄の美しいダックスフンドのサーシャ。隣は、ミックスに見えるが、実は血統書付きのジャックラッセル・テリア、ミロ。
　向こうで元気よく走るオッレの動きを見つめる。というか、彼の誘いにはいつでも応じるという体制。とくにミロの姿勢を見てほしい。「いくぞ〜！」という気合い満々。
　一方サーシャは尾をぴんと上げて、まだ観察している状態だ。しかし、彼女こそ追いかけるのが一番大好きな犬だと、スタッフは教えてくれた。

No.e060

ミロ

オッレ

　追いかけっこの中心となったのは、ミロだ。ミロとオッレは実は大の仲良し。同じテリアで気が合うというか、元気一杯のやんちゃ気質が同じなのだ。

No.e061

No.e062

取っ組み合いをするのは、やはりミロとオッレ。サーシャは、追いかけっこに参加するのだが、どちらかというと脇役で終わってしまっている。

No.e063

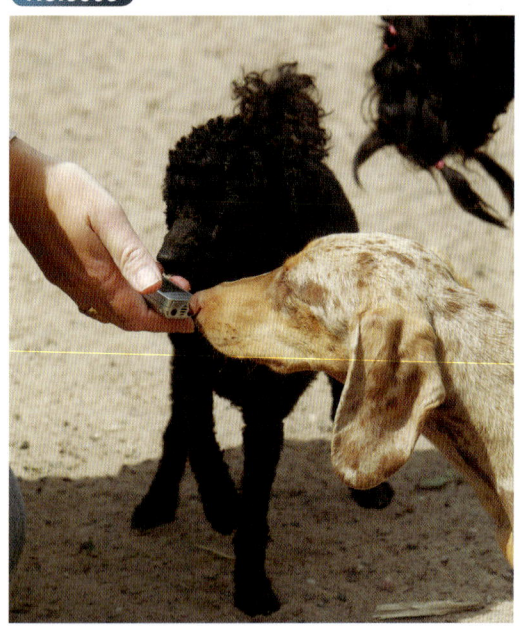

以上の行動を見ただけでも、なんとなくメンバーの個性が見えてくるだろう。テープレコーダーを犬たちに嗅がせると、サーシャは首を出来るだけのばすのだが、注意深いために決してそばまで寄ってこない。口角も後ろに引かれている。一方、プードルのドリスは舌で確かめられる程、そばに寄ってきた。

サーシャは元気なメスであるが、まだまだそれほど自信を持っている犬ではなさそうだ。それが彼女の遊び方にも示されていた。もっとも、テリアのすばしっこさに、あの短い脚で追いつくのは楽ではない。

群れに馴染めない犬
(いじめられているのでもなく、仲良くするでもないのはなぜか)

No.e064　No.e065　No.e066

ヨーキー・ミックスのディーラ(左)と、ボーダー・テリア(右)の場合

群れの中にいたこの2頭。ボディランゲージの詳細を見ずとも、まるで犬生を楽しんでいないのがよくわかる。左のヨーキー・ミックスは、背中を曲げ、耳を横に開き、体のつらさを訴えている。どこかに痛みがあるのは明らかではないか。そう飼い主も思って獣医に診てもらったのだが、何も見つからなかったそうだ。右のボーダー・テリア(写真No.e065)は、実際に痛みを持っている。

私の意見では、こんなにつらそうにしている犬たちは、できるならデイケアセンターに来るべきではないと思う。群れの中にいるというだけで、この犬たちにはストレスとなる。彼らはドッグランにいても、ほとんどどの犬とも交流を持とうとしなかった。つまり、独りになりたいのである。

訳あって小型犬組にいるゴールデンの場合

オッレの後ろいるのは、老いたゴールデン・レトリーバー。本来なら、このサイズの犬は大型犬の部に入れられるのであるが、あまりにも年を取っているので、大型犬たちのせわしない状況は彼にとってあまりにもつらい。よって小型犬の部に入れられた。たしかに大型犬の遊びに比べて、小型犬の囲いは断然静かであった。活動レベルが低いのだ。やはり座敷犬として作られた犬たちが多いだけに、室内の生活に適応できるよう遺伝的にも物静かな気質を持っているのだろう。もっとも、テリアは除く！　彼らは小さいけれども、元は狩猟犬だ。

さて、ゴールデン・レトリーバーは、顔を背け、目を細めて口もリラックスさせている。友好的な気持ちを混めて、オッレに近づいている。が、やはり年上の犬として、少し威厳も見せている。尾があがっているのはそのためだ。「これ、若いの、お行儀に振る舞うのだよ。ワシは、君のドタバタ遊びには興じたくないから」。

それに応答して、オッレは耳を後ろに傾け、口角も引かれている。尾も下げる。頭を低くして、謙虚さを見せようとしている。

Chapter 3 BODY LANGUAGE
一時的に集まった飼い犬の行動シミュレーション

ゴマすり犬、サーシャの場合
（ボスへのご機嫌取りは、吉と出るか、凶と出るか）

サーシャ

No.e067

> ほら、私ってこんなに君のことが大好きなんだよ！

No.e068

ミルトン

サーシャ

　この群れのボスは、ワイヤード・フォックス・テリアのミルトン。彼に、「ほら、私ってこんなに君のことが大好きなんだよ！」とやたらとペコペコするのは、サーシャ。相手に横顔を差し出し、尾を低くしている。尾は振られているが、ゆっくりだ。相手を挑発させないよう、突然の動きをしないようにしているのだ。前述したが、サーシャは元気一杯だけど、どちらかというと気弱な犬だ。こうしてご機嫌取りをしないではいられない。

No.e069

> ほら、私ってこんなに君のことが大好きなんだよ！

　ミルトンにキスをするまでは良かったのだが、サーシャはさらに彼の前でお腹を見せ、転げまくってさらなる従順さをアピールする。この「あなたを慕っています！」ジェスチャーも、あまりにも過剰となると相手をイラつかせ、ケンカになることがある。飼い主は、どこで相手犬の神経が「プチっ」と切れるか、その寸前のボディランゲージと動作を逃さないように！　イラつきはじめているなぁと思ったら、間に割って入るべし。

　これは子犬が見せる「私は無害、どうかやさしくしてくださいね」の行動と同じであるが、子犬ですらあまりやりすぎると時に大人犬をイラ立たせ、歯をむき出しにして怒らせることもある。子犬と成犬を同時に飼っている人は、大人犬が歯をむき出しにして怒る前に、間に割り込んで入るか、どちらかを呼び戻するといい。

No.e070

No.e071

ミルトンが生殖器のニオイを嗅ぐと、サーシャは顔を背け、耳を後ろにさらに引いて、自分の従順さを強調する。

No.e072

オッレ

ミロ

サーシャ

スタフォードシャー・テリアのオッレとジャックラッセル・テリアのミロが追いかけっこに興じはじめると、サーシャは「私も！」とすぐに参加する。テリア同士はやはりテリア気質のフィーリングが合う。仲がいい！　オッレは、自信たっぷりにそしてやんちゃ放題にミロを追いかける。

一方で、サーシャは元気に走るけれど、耳の根元を後ろに引いて謙虚さを見せている。彼女は大好きな追いかけっこにおいても、それほど強気には出ない。サーシャは常に脇役で満足しており、決して遊びの中心になることはない。遊びの中心になっているのはいつもオッレである。サーシャのような犬は、群れの中でも自ら割合低いランクで満足しようとする。ご機嫌取りをせざるを得ない気弱な彼女にとって、その方が心地いい。彼女の尾が上がっているのは、スピードを出して走っているので、舵の役目をしているから。

No.e073

このボーダー・テリアは、本当に気分が悪そうだ。尾が垂れたままである。ボーダー・テリアなら、もっと明るく元気に私とあいさつをしていたはずだ。

Chapter 3 BODY LANGUAGE
一時的に集まった飼い犬の行動シミュレーション

No.e074

> おい、おれだ。
> 君はおとなしくして
> おくのだぞ。
> ミルトン

ディーラ

ボス犬らしい行動をとるミルトン

　ヨーキー・ミックスのディーラは、ボス格のミルトンのあいさつに大人しく応えている。背中のあたりをこうして嗅ぐのは、心理的に強い方の犬が行う動作でもあり、オス犬がメス犬に対して行う動作だ。「おい、おれだ。君は大人しくしておくのだぞ」。
　ディーラは、体のどこかに痛みがあるのだろう。ほとんどの時間を横になって過ごしていた。ミルトンが来ると、耳を後ろに伏せて、親和の態度を見せようとした。
　ミルトンはこうして群れのメンバーのところにいって、時々自分がボス格であることを主張する。しかし、決して攻撃的な態度を見せるわけではない。相手の肩のところに来て、鼻をつけ、堂々とした態度を取ればいいだけだ。

いじめなら加勢する気のサーシャ

No.e075

> ディーラをとっちめ
> ているのなら、私も
> 加勢するわよ。
> サーシャ

　すると、サーシャがやって来た。サーシャは、またもやミルトンにペコペコしたいのだろう。人間の社会にもいる、こういう気弱な人が！　何かと上司にペコペコしたり、みんなの前でおどけてみたりして、なんとかそのグループから外されないようにする人。
　しかし、彼女がボス格のミルトンのところに近づいているにもかかわらず尾を上げているのは、「ディーラをとっちめているのなら、私も加勢するわよ」、という協調かつ強気の気持ちをみせているから。もっともここでは、ミルトンはディーラをいじめてはいない。自分がボスだというのを主張しているだけだ。
　犬は、誰かがいじめていると分かると、たいてい優位な方を見方する。犬は平和を好む、絶対に争いをしない、と信じている人がいるが、それは少しロマンチックすぎる見方というものだ。
　群れで一頭をターゲットにしていじめるということは、たまに起こりうる（P95参照）。だから3頭以上集まったら、私たちはよく監視をしていなければならない。一頭選ばれたら、皆が強い方に加勢してよってたかりいじめはじめる。これはある意味で、サバイバルの本能なのだろう。群れに残ることによって、自分の生存チャンスを高めようとしている。
　それから、ひとつの闘争が、群れ全体に緊張状態を与える。それがストレスとなり、互いがケンカしやすくなる。群れのハーモニーを保とうとするのなら、いざこざを避けるべく、私たちは常に監視の目を怠らないように。

群れの見回り犬、アイラ
(気弱な彼女が、群れの監視役を買って出るワケ)

No.e076

「サーシャ、私はあなたをチェックしに来たわよ。」

このシーンにさらにやって来たのは、イタリアン・サイトハウンドのアイラ。アイラはこの犬種にしてはあまりピョンピョンせずに、たいていの場合じっとしている。そして群れを観察するのが好きだ。それゆえ、こうして時々、他の犬をチェックにしやってくる。ケンカをしている犬がいれば、その間に入って制裁をしようとする。自分では「おまわりさん」役を務めていると思っているのかもしれないが、いやいや、彼女はそれにしてはあまり自信に満ちた犬ではない。どちらかというと、気弱。おそらく気弱ゆえに、他の犬が何をしているか観察することで、自分に災難が降り掛からないようチェックするのだろう。本当の「おまわりさん」役を引き受ける犬は、もう少し気丈な性格の持ち主だ。

それにしても、アイラのこのボスを気取った態度。「サーシャ、私はあなたをチェックしに来たわよ」。しかし、アイラのボディランゲージは、ボスらしくない。頭が下がって、耳が後ろに引かれている。さらに、気弱なサーシャは、アイラが来たので、頭を下げ、顔を横に背け、視線をあわさないようにしている。というか、彼女は誰をも見ていない。

ミルトンも、やってきたアイラに対して何もいざこざを起こしたくなく、無関心を装い、ひたすらディーラの背中を嗅いでいる。

No.e077

サーシャのカーミング・シグナルに対して、すぐにアイラは反応した。頭を落とすことで、脅威と間違えらそうな「言葉遣い」を改めた。

ひとりでも楽しく過ごせる犬、ドリス
(プードルらしい行動がここに伺える)

No.e078

No.e079

「あら何かしら？ まぁ、いいわ。私は私で好きにしているから。」

プードルのドリス。特にちょろちょろすることもなく、仲間がやっていることにも、参加せず、しかし、何故か自分一頭でも満足そう。彼女は、まったく寂しがっていない。ひとりぼっちでも、充分その場をなんとなく満足気分で過ごせる犬だ。

「あれ、向こうで何が起きているのかしら？ …あ、いいの、いいの。私を仲間に入れてくれなくても。自分たちで解決してちょうだい。私は私で、ここで幸せ気分にひたっているから」。プードルにはこういう性格の持ち主が多い気がする。彼らには、そそとしたところがあるけれど、臆病者ではない。

Chapter 3　BODY LANGUAGE 一時的に集まった飼い犬の行動シミュレーション

メス犬のボス、アリスの場合
（元ストリート・ドッグは、会話も巧み！）

アリス

No.e080

　右そばの茶色の犬はメス犬、アリス。彼女は、この群れのメス犬で一番地位が高い。注意深い性格だが、同時に心の中はとても落ち着いている犬だ。なんと、ギリシャから連れてこられた、ストリート・ライフを強いられていた捨て犬だそうだ。このような犬は、子犬のときから野犬の群れで過ごしてきたので、ボディランゲージ能力にとても優れている。

No.e081

「あなたをチェックしに来たわよ」

アイラ　アリス

　アリスが横になって休んでいると、ボスの真似をしたがるイタリアン・サイトハウンドのアイラがやって来た。「あなたをチェックしに来たわよ」。

No.e082

「ニオイを嗅ぎたいなら、いいわよ。どうぞ。」

　しかし、アリスは落ち着いて伏せたまま。ここがアリスの風格のあるところだ。アイラに対して何も動ぜずに、ただ顔を少しそらしただけ。「ニオイを嗅ぎたかったら、嗅ぎなさい」。

No.e083

「あなたたちのやり取りには、一切関わりたくないわ。」

アリス（メス犬のボス格）
サーシャ
ミルトン（オス犬のボス格）

　アリスの前には、ミルトンが休んでいた。そこへ、また、サーシャがやってくる。アリスは、サーシャがやって来ても「私はあなたたちのやり取りには、一切関わりたくないわ」。
　サーシャの尾が今回は高々と上がっているのは、ミルトンが伏せの状態だから。この姿勢では何もこちらに危害を加えられないだろうと、サーシャが安心しているため。しかし、彼女はもう少し謙虚な尾を見せてもいいと思うのだが！　誤解されてしまう可能性もあるのだから。

No.e084

アリス
サーシャ
ミルトン

しかしサーシャは次の瞬間、顔を背け、尾を少し下げた。これで、ミルトンの気分を害させることはないだろう。そして、アリスの無関心さに注目。

No.e085

ほら、私こんなに
フレンドリー

…と、またはじまった。サーシャのショー。「ほら、私こんなに、フレンドリー」「ほら、私こんなにフレンドリー」「ほら、私こんなに、フレンドリー」…。サーシャは横になって、従順な姿勢をアピールする。

No.e086

こいつは本当に、
しつこいやつだ。

そしてミルトンは「ああ、またか。こいつは」。耳は後ろに引かれ、顔を背け、あまり関わりたくない意志を見せている。これがもし同性同士であったら、ケンカになっていたかもしれない。サーシャはくどいのだ。しかし、オスはメスに対して概して寛容だ。この程度のミルトンのリアクションなら、まだまだ心配はない。

Chapter 3 　BODY LANGUAGE
一時的に集まった飼い犬の行動シミュレーション

監視のマトになりやすい犬、オッレの場合
(アクティブでやんちゃな犬は、ボス格にどう接するのか？)

オッレ

No.e087

こら！ ケンカはよくない。もうやめなさい！

オッレ
アイラ
ミロ

No.e088

相変わらず、ミロとオッレは遊びに興じている。そこに、おまわりさん役のアイラが介入してきた。「こら！ケンカはよくない。もうやめなさい！」。興奮している犬は、いつ何時、本気のケンカをはじめるかわからない。だからアイラは、それが群れ全体に広がるのが怖くて、こうして保安官役を買って出ている。

ちなみに、相手の喉元に噛み付くこのような激しい遊び方は、やはりテリア同士の方が合っている。もし、ミロとマルチーズが囲いに2頭だけ残されたとしたら、マルチーズは、ミロの乱暴な遊び方によって、怖がってしまうだろう。

しかし群れであれば、必ず自分のテーストにあった遊び仲間を見つけるものだ。視覚ハウンドは視覚ハウンド同士、テリアはテリア同士、牧羊犬は牧羊犬同士と！　人間と同じである。同じ価値観の人と交わりたがる。

No.e089

何事もうまくいっているかい？

No.e090

え、なになに？
僕、何もしてないよ！
どうして、どうして？

このドッグランの中に入って気がついたのは、オッレはいつもいつもアクティブなのだ。彼は何かせずには居られない。ミロと追いかけっこしなければ、今度は砂場で穴を掘り返し、そこで狂ったように転がりはじめた。

そしてミルトンは、またボスらしくメンバーのチェックを行っている。「何事もうまくいっているかい？」。ミルトンにはプレッシャを与えるようなボディランゲージは見られない。きわめてゆったりと構えている。同時に「何をやっているのだろう」という表情をたたえている。

はっとしたように、体を起こすオッレ。ミルトンに敬意を払うべく、耳をうんと後ろに引いた。「え、なになに？　僕、何もしてないよ！　どうして、どうして？」。顔を背け、ボスを挑発しないようにする。

No.e091

そっと逃げ出そうとするオッレ

オッレはこの状況がなんだかよく分からなくて、できるだけミルトンを挑発させないよう、伏せたままその場を去ろうとする。尾が上がっているのは、この変な状態でも体のバランスをとるためだ。

No.e092

すぐさまボスは、オッレの背中をクンクン嗅ぐ動作をとる。前述のヨーキー・ミックスのディーラ（写真No.e074）に対してと同じことを行っている。これは、自分のボスの立場を主張するためのシグナルだ。オッレはすぐに、このシグナルに反応した。顔をそっと背け、耳が互いにくっついてしまうほど、後ろに引かれている。ミルトンは主張をしているだけで、その表情にはまったく攻撃性は見られない。

No.e093

わかったな？

これでよかったのかな…

これでよかったのだろうかと確認するために、一瞬顔をミルトンに向けた。尾が下に落とされている。ミルトンはぐっと、オッレを見つめる。「わかったな？」。

No.e094

ああ、緊張した！

ああ、緊張した！　と、ミルトンとの会話が終わるや否や、体を振るオッレ。転位行動だ。

column

BODY LANGUAGE Column 2

犬の世界にもある「いじめ」に注意!

　どういうわけか、犬が3頭以上集まると、弱いものいじめをはじめやすいのは事実です。犬だけでなく、馬の世界も同様です（人間の世界でも仲間はずれがでてくるのは、3人友達ですよね）。もちろん多くの場合、犬たちは平和に群れの中で遊んでいるものですが、しかし決していじめは稀ではありません。

　というわけで、ボディランゲージによく注意をすること。以下のケースは、飼い主がよく犬を読み、そして愛犬に対してよくコントロールが効いたために、大ケンカにはいたりませんでした。

シモン　ノッタン

トリーネ

No.f001

　仲良く遊んでいたプードルのシモンとゴールデンのノッタンのところに、マリノアのトリーネが入ってきた。トリーネはノッタンが気に入らず、威嚇。ノッタンはそこでトリーネの気分を静めようと、地面にオスワリをした。2頭の間にいるシモンは、何ごとか理解しかねるようだ。

　トリーネの方の逆毛に注目してほしい。彼女は自分の地位をこの2頭になんとか見せつけようと、気持ちを荒立てているのである。

No.f002

ノッタンの怯えたような後ろに引かれた耳に注目してほしい。

No.f003

　それでもトリーネはノッタンが気に入らず、威嚇し続ける。トリーネがまるで獲物を見定めるように、彼の周囲をぐるりとまわる。いつでも襲おうという用意だ。この緊張状態を破るために、プードルのシモンが割って入る。

BODY LANGUAGE　Column 3

No.f004

トリーネは、なかなか「意地が悪い」。ノッタンの後ろにまわって、お尻を突っつく。相手を降参させようとしているのだ。もしゴールデンが転がらなかったら、トリーネはゴールデンの首根っこなどをつかんで、攻撃していただろう。自分の地位をこの2頭になんとか見せつけようと、気持ちを荒立てているのである。

No.f005

いじめを止めさせる方法とは…

そしてノッタンは転がった。トリーネのいじめは続き、シモンもいつしかトリーネに加勢しはじめた！

このような状態になったときはエスカレートしていく可能性があるので、飼い主は素早く自分の犬を呼び戻すこと。あるいは止めようのないケンカになったらバケツの水をかけるべし！

もうひとつの方法は、飼い主がその場を走り去る（いじめを行っている側の犬の飼い主だ）。もしその犬とのコンタクトが良ければ、犬は慌てて飼い主へついてゆくはずだ。

No.f006

「あっ！　かあちゃん。今戻るよ！」

シモンの飼い主が、呼び戻しを行った！　それに応えるシモン。これぞ、お手本的例。群れに放すのであれば、犬にこれぐらいコントロールが効いていなければダメなのである。

その後、ノッタンの飼い主が間に入ってきて、この件は大ゲンカにならず一見落着。

トリーネはマリノアの典型で、かなり強気なのだ。もしここでノッタンが譲歩せずに転がらなかったら、おそらく大ゲンカになっていたことだろう。このような強気な犬を飼っているのなら、ぜひ「カット・オフ・シグナル」を徹底して教えておいてほしい。つまり、この場合であれば、ノッタンにここまで服従を強いる前に、「ストップ！」と声をかけ、行動を中段させる。

しかし、そこまで犬にコントロールを効かせられる飼い主はほとんどいない。私であれば、トリーネのような犬を決してドッグランに放さないだろう。彼女は、あまりにも支配性が強すぎる個体である。2頭の間に割って入るのなら、この場合、絶対にトリーネの飼い主ではない人が入るべき！

第4章

犬種による遊び方の
比較シミュレーション

BODY LANGUAGE　　　　Chapter **4**

単に犬が遊ぶと言っても、その遊び方やボディランゲージの
出し方は個性に溢れています。そして時には、その犬種ならではの
独得の遊びパータンというものも存在します。

4-1 遊び方にも犬種による個性がある
Breed Differences

犬同士が出会ったとき、すべての犬たちが必ずしもお互いに関心をもったり仲良くするとは限りません。しかし、もちろん相手を気に入った場合、犬たちは喜んで遊びに応じます。

犬の遊びは、仲間と一緒にいたいという欲望を満たすため、自分のステータスを確認するため、あるいは狩猟欲を満たすためと様々な目的があり、その行動は狩猟時に見せる動作のレパートリーから成り立っています。追いかける、走る、忍び寄る、飛びかかる、噛み付く…。だからこそ、犬の個性だけでなく、犬種によっても遊び方に特徴が出てきます。犬種というのは、各々の使役の歴史を持つからです。

サイトハウンド系の場合
グレー・ハウンド、ウィペット、ボルゾイ、バゼンジなど

サイトハウンドは俊足で獲物を追いかけるのがその犬種の歴史的使役であり、機能です。彼らの遊び方にもそれが表れています。たいてい、ピョンピョン走って、まわりをぐるぐる回る。他の犬友達にもそれを求め、すぐに追いかけっこ遊びに興じはじめます。広場で放せば、それはそれは素晴らしい走りを見せ、その美しさにただため息ばかり。見るものを堪能させてくれます。サイトハウンド・ファンには、この姿が見たいがために飼ったという人は少なくありません。

マスティフ系、ブル系の場合
ロットワイラー、アメリカン・スタフォードシャー・テリア、マスティフ、レオンベルガー、バーニーズ・マウンテン・ドッグ、グレート・デーンなど

マスティフ系やブル系は、サイトハウンドのように俊足で走り回るよりも、その場で取っ組み合いをしたり、引っ張りっこをするのが得意の遊びパターンです。追いかけっこには誘わず、ひたすら転がったり他の犬に飛びついて、取っ組み合いをしようとします。

ローデシアン・リッジバック

ローデシアン・リッジバックは、犬種の成り立ちがマスティフ系とハウンド系のミックスで成り立ちます。まさにその歴史の通り、彼らの遊び方は、飛んだり跳ねたりを走ったり、を繰り返しながら 相手の首を狙うなど、力強いタックルも挑んできます。ただし、この遊び方は、ボーダー・コリーのような敏感な犬種には、少し「乱暴」すぎるかもしれません。

Chapter 4 BODY LANGUAGE 犬種による遊び方の比較シミュレーション

牧羊犬種の場合
ボーダー・コリー、シェットランド・シープ・ドッグ、コーギーなど

　牧羊犬種の中でも特にボーダー・コリーは、その性格から、遊び方がとてもエネルギッシュです。走りまわる遊びが大好きですが、ただしサイトハウンドの行動とは異なります。サイトハウンドは、大きく旋回しながら走りまわる一方で、牧羊犬は相手の周囲をちょろちょろと走りまわります。これは、まさに羊を集めるときと同様で、小回りのきいた動きを遊びにも見せます。また遊びながら歯を見せたり、唸る個体も多いです（もちろん犬は遊びのつもりで行っています）。これは一種のコミュニケーションであって、決して攻撃心ではありません。

　羊を集めていただけに、走り回る動作を続けがちです。人間との遊びの際に、ボール遊びやフリスビーによく応えてしまうも、そのためです。それだけ、非常にテンションをあげやすく、遊びが終わってもしばらく興奮状態にあります。ですので、人間と遊ぶときは、ボール遊びはほどほどにして、むしろ嗅覚を使わせるなどのじっくりとした作業をさせるといいでしょう。心の状態に「静けさ」をもたらすのが、彼らとの上手な付き合い方です。

愛玩犬の場合
チワワ、ポメラニアン、シー・ズー、ヨークシャー・テリア、マルチーズ、パピヨン、トイ・プードルなど

　愛玩犬といっても犬種は様々で、系統が少しずつ異なるため、彼らの遊び方の特徴をこれといってパターン化して述べることはできないのですが、概してやたらアクティブか、なんとなくチョロチョロと遊べばそれでいいや、という2極端に分かれます。また、飼い主が犬の社会化を怠って（小型犬という理由で）、あまり遊ばせていないとことも多く見受けられます。そのような犬は、仲間との遊び方が分からず、ただ怖くて吠えてばかり。遊びに混じろうとしません。これは、決して本来の彼らの遊びパターンではないので、勘違いしないように！

　愛玩犬はやはり牧羊犬のように、ビュンビュン走り回るのが大好きですが、その中に時々タックルも入れます。そのタックル度合いは、テリアの迫力よりはややマイルド。追う役、追われ役の交代時も、たいていの犬種なら一瞬休憩し動きが止まるのですが、小型犬の場合はほとんど止まることなく絶えず動いています。それで、小型犬はチョロチョロしているという印象を私たちに与えるのです。

テリア系の場合
ジャック・ラッセル・テリア、ウェスト・ハイランド・ホワイト・テリア、ボーダー・テリア、スコッチ・テリア、ミニチュア・シュナウザーなど

　テリアは、躊躇なく遊びモードへ爆走してゆくタイプです。時にはハイパー・アクティブにも見えます。それはボディランゲージを見ても明らか。尾がピンと立ち、体がきびきびしています。だからこそ、テリアの活発さに気後れを感じる犬もいて、やはりテリアが遊ぶときは同じようなマインドを持った犬がぴったりということになるでしょう。第3章のデイケアセンターに登場するスタフォードシャー・テリアのオッレとジャック・ラッセル・テリアのミロの遊び方がとてもいい例です。

　また、彼らは遊びながらよく唸ったり吠えたりします。まるで怒っているかのようですが、それは彼らの興奮しやすさがそのまま声になって表れているのです。

　このように、犬によって遊び方のスタイルがある以上、遊び方の好みもあるというもの。その意味で、同じ遊び方をする犬同士の方が、何かと遊び中のトラブルが少なく、仲良く遊べるのです。ただしこれは、同じ犬種同士が出会ったときに、必ず仲良く遊べるという意味ではありません。同じ犬種同士でも、互いに関わりたくないというケースはいくらでもあるのですから。

　それから、どの犬種パターンのカテゴリーにも名前があがっていない犬種もいます。彼らは特に「これ！」といった遊びパターンを持っているわけではなく、「犬として」のいわゆる一般的な遊び方のあらゆるレパートリーを、少しずつ持っていると理解してください。

4-2 ボーダー・コリー姉妹との出会いに見る遊び方比較

ここではスイス・ホワイト・シェパードのアスランと、ローデシアン・リッジバックのバッセが、別々の機会において、ボーダー・コリー姉妹のリッケとクイニーに出会います。同じ犬に出会うにしても、犬の性格によって、そして犬種の違いによって、いかに出会いが異なるものなのか、探索してみましょう。

ローデシアン・リッジバッグ、バッセの遊び方
リッケ&クイニー姉妹+バッセ

No.g001

スイス・ホワイト・シェパード、アスランの遊び方
リッケ&クイニー姉妹+アスラン

No.g002

　バッセはいかにもローデシアン・リッジバックらしい行動を披露します。そこで皆さんに考えてもらいたいのは、その「らしい」行動というのは何から由来するのか、ということ。

日和見主義の犬というのがいるとすれば、それはおそらくレトリーバやスパニエル系の犬でしょう。何とでも人に合わせてしまい、またそれを苦にするどころか、これも犬生のひとつ、そして犬生は楽しき！とポジティブに生きます。

　その反対に、自分の意見を何よりも高く評価して、己の道を行こうとする、精神的に独立した犬というのもいます。すなわち犬種の歴史の中で人との協調を必要としない職業を持っていた犬たちに見いだされます。番犬種（マスティフ系）とかハウンド犬種がそんな一種です。

　ローデシアン・リッジバックというのは、実はハウンド系とマスティフ系の犬のミックスで成り立っている犬なのですね。防衛を得意とするマスティフのファイトの強さと、ハウンドの持つ強い狩猟欲を混ぜ合わせ、ライオンを狩猟するための犬として、南アフリカで作られました。さて、防衛欲と狩猟欲の強さをあわせ持った犬というのは、いかなる行動を取るものなのでしょうか？

　愛犬をドッグランに出すときに、その犬種の遊び方の癖について深い理解を持っていれば、行動が予想できるわけで、大きなケンカも未然に防ぐことができます。

　バッセは他の犬に出会っても、すぐに狩猟欲に基づいた遊びをはじめてしまいます。その欲の強さは、アスランの遊び方との比較からも理解できます。

　アスランは他の犬たちに対して、特に大きな興味を示して追いかけっこ遊びをするわけではありません（ただし、向こうから挑戦を挑んでくるオス犬に対しては、黙っていられないのですが）。私のクリニックにいる犬なので、常日頃、犬たちが行ったり来たりしているのに慣れています。従って、他の犬を見ても、かえって無関心を装うという癖がついているようです。

Chapter 4 BODY LANGUAGE
犬種による遊び方の比較シミュレーション

ローデシアン・リッジバック、バッセの遊び方

バッセ　リッケ　クイニー

No.g003

9カ月になるボーダー・コリーのメス犬、リッケが好奇心一杯に、これから藪の後ろから現れるローデシアン・リッジバックのバッセの元に走りよってくる。

No.g004

「僕も君のところに行くよ！」
バッセ

お互いが性別を意識した行動をとっていることがわかるだろうか？

バッセも負けずに好奇心一杯だ。彼は舌をぺろりと出して「僕も君のところに行くよ！」という意図のシグナルを見せる。リッケの体重は今や後ろにかかっている。この服従的なボディランゲージから、バッセはこの犬がメスだということを理解する。そして当然、リッケは相手がオスだということを、すでに悟っての彼女のボディランゲージだ。

どうして互いが異性を確認したということを読めるのか？リッケの姿勢に注目してほしい。もし彼女が、別のメス犬に出会ったとしたら、彼女の姿勢は前よりになっているはずだし、ここまで控えめな態度を見せない。もっとタフに振る舞っていただろう。しかし、メス犬というのは、オス犬に出会うと、服従的なボディランゲージを見せる。前述したように、体重は後ろにかけられ、頭は低く保たれている。

No.g005

「ヘイヘイ！俺はオスだぜ！」

No.g006

「そうよね、そうよね。お手柔らかに！」

バッセの尾は上がっている。しかし、真上にまっすぐ上がっているわけではなく、柔らかなカーブを描いている。耳は後ろに引かれている。しかし、彼の態度は彼女に対して前向きだ。「ヘイヘイ！俺はオスだぜ！」。

一方リッケは口角を後ろに引き、頭を低くかかげ、耳を後ろに引いている。「そうよね、そうよね。お手柔らかに！」。これは2頭があいさつのセレモニーを行っているところである。

Chapter 4　101

No.g007

バッセの態度は威圧的に見えるかもしれないが、心配無用！脅かすようなシグナルは、ここでは一切見られない。彼の尾を見てほしい。低く保たれている。尾の先端は体の外を向いている。バッセは、この若いメス犬が少しおどおどしている様子を理解して、自分のボディランゲージを少し柔らげた。それで尾が落ちたのだ。

No.g008

リッケは座りこんでしまった。そこでバッセは自分のオスらしさをさらに強調しようと、尾を高く掲げるが、オス同士で競っているわけではないので、決してまっすぐではないことに留意してほしい。彼がリッケのニオイを嗅ぎたくてしょうがない様子がわかる。リッケは、彼の押せ押せの態度に対して、さらに服従的な気持ちを見せる。頭を落とし、横に傾ける。唇もとても長くなっている。

No.g009

「今だ！これは、逃げなければ！」

バッセの狩猟本能が騒ぎだす

あいさつが終わるや否や、リッケは今だ！と走りはじめた。バッセが彼女を追いかけるその集中した表情に気づいてほしい。背が丸くなっている。それほど、走りに弾みをつけているのだ。真剣だ。耳は前に向けられ、唇は完全ではないがかなり短くなっている。視線はリッケに釘付け。単にリッケを追いかけているのではなく、バッセの気持ちは、だんだん狩猟行動になりつつある。つまり逃げる物を追いかけ、倒したいという感情の高まりだ。バッセの意図を、リッケも理解しているようだ。「これは、逃げなければ！」。

No.g010

「捕まったら大変！」

だんだん事が怪しくなってきた！バッセのチェイス（追跡）がいよいよ真剣なものに。彼のまるで獲物を狙うような集中した視線。高揚した気持ちとは裏腹に、なぜ尾が下に落ちているのか疑問を持たれたのでは？この場合、カーブを曲がりきろうと体のバランスを取るために、尾を舵として使っているから。

リッケの目の表情も、切迫感にあふれている。「捕まったら大変！」両耳はほとんどくっついた状態。口はストレスを感じて、大きく開かれている。ここで、飼い主は助け舟を出してあげるべき！

Chapter 4　BODY LANGUAGE
犬種による遊び方の比較シミュレーション

No.g011

「あともう少し！」

あともう少し！と、ほとんど獲物に襲いかかるようなジャンプを見せるバッセ。ハウンド犬としての狩猟本能の強いローデシアン・リッジバックらしい行動でもある。もし、彼がリッケに本当に追いついたとしたら、まず彼は彼女の肩に口を押当て、地面に倒すだろう。

ドッグランなどでこのような光景を目にすると、いかにも2頭が楽しそうに遊んでいるように見えるのだが、要注意！　これはもはや遊びではなくなってきている。これらボディランゲージをきちんと読んで、「やばいぞ！」と思ったら間に入って、追いかけられている犬を救ってあげること。単なる遊びの追いかけっこなのか、それとも狩猟本能に切り替わってしまった遊びなのかを見極める。特にローデシアンのような走りのいいハウンド犬においては、いつ捕食行動に基づくチェイスのスイッチが入ってしまうか、わからない。

No.g012

「た、助けて〜。」

まるでウサギを追いかけるサイトハウンドの狩猟シーンのようだ。リッケの目には「た、助けて〜」という切迫感が。一方でバッセの目は狩猟欲で爛々としている。ただし、さすがボーダー・コリーである。彼らはすばしこい犬たちだ。なんとか逃げおおせている。だからといって、このまま放っておいてはいけない。

No.g013

仲裁するときの体勢に注目!

飼い主はいつまでたっても助け舟を出さないでいるので、私が2頭の間に割って入った。そしてバッセを追い散らした。私のボディランゲージを参考にしてほしい。彼に完全に体を向けて、リッケには背を向けている（この写真では見えないが）。リッケは、私のこのボディランゲージによって安心を感じたはずである。

No.g014

「ヴィベケ、わかった、わかったよ！」

今やバッセは、私の言わんとしたことを理解した。彼の顔の情けない表情をご覧いただきたい。耳は後ろに、尾先は体の外に向けられている。そして尾も落ちている。先ほどの彼の「爛々」とした表情から一転！「ヴィベケ、わかった、わかったよ！」とバッセ。

No.g015

「やれやれ助かった！」

飼い主の ここでの犬の迎え方が、今後重要な鍵になる

すっかり恐れおののいたリッケ。やれやれ助かった！と飼い主の元にやってくる。このとき、一連の出来事を見ていた飼い主は「まぁ、かわいそうに！ 大丈夫？ ごめんね、ごめんね、ママが助けてあげれなくて。本当に、かわいそうに。もう二度とこんな目に遭わせないから！」と同情に満ちた言葉をかけてしまうところだろう。これは御法度！ 犬を同情であおってしまうと、余計に犬の恐怖感を正当化させてしまう。というのも、同情する声に「恐怖心」のトーンが聞こえるために、犬にそのまま心配が伝播されてしまうのだ。犬にはぜひとも、世の中の波に強く生きてもらわねばならない。怖がりの犬は、問題行動を見せやすくなる。

No.g016

私はバッセに叫んだり怒ったりせずに、完全に自分のボディランゲージだけで、私の言いたいことを伝えた。見て、このときの彼の表情。耳は後ろに、体は低く保たれている！ たしなめられたのを知って、このやるせない気持ちをなんとかしなければならない。そこで…。

これは子どものしつけにおいても同様だろう。たとえば子どもが自転車から落ちてしまったとき。最初は、べそをかくだけで、懸命になって自転車から起きようとする。そこにやってきたママが膝のケガを見て「まぁ！ 大変！！ ひろしちゃん、大丈夫！！！？？」。

そのとたん、子どもは今まで自分をこらえていたものの、突然「うぇ～ん！」と泣きはじめるのだ。親があまりにも同情するので、子どもの惨め感をさらにあおり、余計に自分を弱い者にしてしまう。

というわけで、犬にも同情は禁物。次の機会にこの犬が他の犬に出会ったり、かかわりを持ったときに、「相手は怖い相手」と前回の学習から確信を得てしまい、自分を防衛しようとしはじめる。それが攻撃的行動につながる。

もし子どもに自転車に再び乗ってほしければ、子どもに自転車が危険なものだということを確信させすぎては逆効果だということはわかるだろう。同じ理由で、飼い主はこの場合、できるだけ楽しそうな態度をとって犬を迎えるのが大事。

Chapter **4** BODY LANGUAGE
犬種による遊び方の比較シミュレーション

No.g017

「ね、ね、じゃあ遊ぼうよ！」

バッセ

バッセは私に遊び心いっぱいにして、ジャンプをしてきた！これは転位行動だ。罰が悪い気持ちを、なんとか別の方向に向けようとする表れ。バッセは遊ぶという行為を選んだ。「ね、ね、じゃあ遊ぼうよ！」。子どもが、怒られて気持ちをしょんぼりさせるのかと思いきや、やたらに親しく遊ぼう遊ぼうと、お母さんに急にせがみだすときの心理に似ている。

No.g018

「なんと行儀が悪い！」

イーブンさん

なんと行儀が悪い！と即座にバッセは飼い主であるイーブンさんに呼び戻された。このときの彼のボディランゲージを見てほしい。なんという尾の形だろう。きまり悪そうなこと、この上ない。

No.g019

「リッケのところにまた行くんだ！」

同じ走っている表情でも、この写真のものと前のバッセの表情（写真No.g009およびg012）の違いを比較してほしい。どういう顔がより大胆で好戦的で、どういう顔がより気持ちに余裕がでているときかを学ぶことができる。この写真のローデシアンの顔は、頭が上に持ち上げられ、幸せそのもの。バッセは「リッケのところにまた行くんだ！」という単純な気持ちを表しているだけ。自分の権威を見せようとか、力を試したいなどという邪心は一切なし。より体の表現にリラックスが見える。

No.g020

「ごめん、ごめん！あなたのこと、知らなかったから！」

バッセ

今度こそ、飼い主はリッケを守ってあげる行動に出た。声を荒げずに、上手にボディランゲージを使っている。リッケの前に行こうとしているバッセを威嚇しているところ。するとバッセのこの表情。耳は後ろに、なんとも謙虚な態度が見れるではないか。「ごめん、ごめん！あなたがそんなに彼女のことを守っていたなんて、知らなかったから！」。

No.g021

「何度いったらわかるのよ！」

バッセ

その後もバッセは何度かリッケへの接近を試みるが、飼い主が犬の前にやってくるので、その度にくじかれてしまう。そしてこの写真、バッセは完全に遠慮した気持ちを見せている。飼い主も「何度いったらわかるのよ！」と言う気持ちなのだろう。手のこぶしを見てほしい。かなり断固とした態度が認められる。ただし、このボディランゲージは、犬には伝わらないかもしれないけど！

ボーダー・コリーの「際どい」遊び方（リッケ&クイニー姉妹）

さて、ボーダー・コリー姉妹は、バッセのフラストレーションを他所に、2頭で楽しく遊びはじめた。ただし、この写真では一見ケンカでもしかねないようなボディランゲージに見えるが、ご安心を。ボーダー・コリーは、遊びにかなり「際どい行動」を見せる犬たちであり、見ている方もヒヤヒヤ。相手を挑戦させるようなボディランゲージにあふれている。こんな表現は、例えばラブラドールのボディランゲージには決して見られない。ボーダー・コリーは歯をよく見せる、頭を低めたり、そして相手の目をしっかり見る。それもこれも、ボーダー・コリーの牧羊犬としての背景に因る。彼らの羊を集める行動は、本来オオカミが持っていた一連の捕食行動に近い。

これらボーダー・コリーの際どい行動パターンは、同じ犬種内であればよく理解されるのだが、違う犬種同士であれば、時に相手を挑発させたり怖がらせたりと誤解を受ける。同じ犬種同士で遊ばせる、というのは行動と考え方が似ているために、実はとてもいいことなのだ。

No.g022 2頭重なるように走り

No.g023 急なターンで向きを変え

No.g024 相手の表情を確認し

No.g025 左右入れかわり

No.g026 横腹にタックル！

Chapter 4 BODY LANGUAGE
犬種による遊び方の比較シミュレーション

No.g027

ボーダー・コリー流のプレイバウ

　そして、これぞボーダー・コリーらしさ！　ボーダー・コリー流のプレイバウ（遊びを誘う動作）。羊を止めるときに使うのと同じ動作を、遊びの中でもふんだんに使う。これも捕食行動の延長から由来する。しかし他の犬においては、このボディランゲージはプレイバウとしては使われないのだが、ボーダー・コリーの間でなら充分に遊びを誘う動作として理解されるのだ。

No.g028

イーブンさん

「こら！　イーブン、僕に行かせろ！」

バッセ

　バッセはつながれて自由が効かないという状態で、2頭の楽しい遊びを見せつけられている。だから、たまらない。「こら！　イーブン、僕に行かせろ！」とかなり強引な手段に。
　他の犬が楽しく自由に遊んでいるのに、自分の犬だけリードにつなげておく状態にする、というのは私は好まない。たとえば、ドッグランにやってくる。自分の犬は離せないということがわかっている。その場合は、その場にじっと立って愛犬にフラストレーションを積もらせるよりも、さっさと通りすぎるべきだろう。さもないと犬にとってフェアではない。時には、放たれた犬に対してどのような行動をとるべきかという訓練と学習のために、このような状況の元に犬を連れてくるのは致し方ないが、さもなければできるだけ止まって犬に見せつけるのは避けるべきだ。

スイス・ホワイト・シェパード、アスランの遊び方

アスラン　リッケ　クイニー

No.h001

※3章「知らない犬同士を会わせるときのうまくいくコツ」(P60)の出会いのシーンを、さらに掘り下げて見ていきましょう。

アスラン

相手が近づいてくるのを認めたアスランは、「君は誰だい？」とそれを確かめようと、頭を低くする。

君は誰だい？

No.h002

相手がメス犬だとわかった！　ならば話は早い。写真No.h001に比べて、アスランの表情がリラックスした点に注目。オス犬はメス犬に弱いのだ。

No.h003

お互いの性別を意識したあいさつ行動

それもそのはず。このボーダー・コリーのメス犬、クイニーは、まさに子犬の行動を見せて、どんなに自分が無害でフレンドリーな犬であるか、すでにたくさんのシグナルを出していた。このように地面に転がってすらいる。それにアスランが答えて、下をペロペロさせながら近づいてくるのが写真の端に見える。

クイニー

Chapter **4** BODY LANGUAGE
犬種による遊び方の比較シミュレーション

No.h004

「そんなに怖がらなくてもいいから！」

　アスランは、クイニーのシグナルにさらに応える。頭を低く掲げ、目をアーモンド状にして、やさしい表情を見せる。「そんなに怖がらなくてもいいから！」。

No.h006

　寝転がっても、あいさつセレモニーはちゃんと遂行する。通常の立っているときと同様に、オス犬はすぐにメス犬の性器のニオイを嗅ごうとする。それに対して、抵抗しているメス犬の前足の位置を、この写真から読み取ってほしい。

No.h005

「わーい、メス犬だ！」

　アスランの背中に逆毛が立っているのは、怖いからではない。尾の先は体の外を向いていることからも（写真では切れてしまっているのだが）、まったく攻撃性はなし。逆毛を立てるのは彼の癖で、気持ちが盛りあがると逆毛がどうしても立ってしまうのだ。「わーい、メス犬だ！」という気持ちの抑揚がここに見られる。このように感情の盛りあがりが、すぐに逆毛に出てしまう犬というのが存在するわけで、ボディランゲージというのはどの犬も同じようなシグナルを同じような頻度で出すのではない。こうして各々のパーソナリティが存在するものである。

No.h007

「もう君のことわかったよ。じゃ、さよなら。」

　アスランは一通りニオイを嗅いだら、もうそれで気が済んだ。「もう、君が誰だということがわかったよ。OK。そんじゃ、さよなら」と去ってしまった。しかし去っていく姿が堂々としている。
　前回のローデシアン・リッジバックがボーダー・コリーと出会ったときとは、だいぶあいさつが異なる。ローデシアンはボーダー・コリーたちを追い掛けまわした。
　アスランは他の犬に会っても、だいたいこんな風にあっけなく終わらせてしまう。彼はクリニックに住んでいる犬なので、常にたくさんの犬に出会っているから、毎回いちいち興奮しないでも済んでいる。それから彼の性格もあるのだろう。ただし、相手がオス犬であれば、また事情は異なるのだが…。

No.h008

他の犬に出会ったにもかかわらず、相手を安心させようとこうしてひたすら地面を嗅ぎ続ける犬。カーミング・シグナルとしても有名な行動だが、いつもカーミング・シグナルとは限らない。どうやって見分けるか。

No.h009

おっと、ここにすごく面白いニオイが残っていた、とフイっと方向を変えた。このように、ひと所のニオイを嗅ぎ続けているわけでないところに注目。アスランは単に、フィールドに残っていた先ほどの犬たちのニオイを「何だろう」と嗅いでいただけであった。

No.h010

アスラン

ほら、あたしを見て見て！　ね！

クイニー

この誘い方はボーダー・コリー語

　アスランの無関心な態度にもかかわらず、クイニーは盛んに遊びを誘う行動をみせはじめた。「ほら、あたしを見て見て！　ね！」。いかにもボーダー・コリーらしい柔軟な体の動き。体を思いっきり伸縮させて、相手を誘う。これぞボーダー・コリー語。

Chapter **4** BODY LANGUAGE
犬種による遊び方の比較シミュレーション

No.h011

アスランは完全にクイニーから離れて、草むらにおしっこをひっかけに去ってしまった。以前のオス犬の尿の上に、自分のニオイをつけている。

No.h012

気分がすっきりしたアスランは、今度こそ自分からクイニーの元にやってくる。あれほどアスランからのコンタクトを求めていた彼女だが、いったんアスランが自分からやってくると、このとおり究極な服従的ボディランゲージを見せはじめる。これはボーダー・コリーだからというわけではない。彼女がまだ若いというのもあるだろう。

No.h013

アスランの尾に注目。年老いた犬がよく若い犬に戒めの態度をとるときがある。その際は尾は高く掲げられ、しっぽの先は内側を向いているものだ。しかし、ボーダー・コリーはとことん従順な態度を取るので、アスランに「おい、こら若造！」という態度はまったく見当たらず、尾の先は外に折れている。

No.h014

しばらくして、もう一頭のボーダー・コリー、リッケがやってきて、2頭は遊びはじめた。すると、アスランは2頭の元へ走り寄ってきた。一見、おまわりさん役を務めているのかと思いきや、新しい犬に興味を示し、彼女に近づくためにやってきたのだ。これはアスランが一頭（リッケ）だけに集中して走っている様子から、察することができる。

No.h015

ここでも、アスランはオスかメスが分からないでいるようだ。だから相手に印象づけようと、体を大きくしながら走っている。首筋が大きく膨らんでいる。

No.h016

ああ、メスか！　空気中にそのニオイを感じ取ったのに違いない。安心した表情が見られ、アスランの顔から緊張感が消えている。このときにアスランが、ローデシアン・リッジバックのバッセのように相手を獲物の対象として追いかけているのかどうか、飼い主は犬を読む必要があるだろう。その場合は何としても、間に入ってさえぎらなければならない。しかしこの通り、アスランのボディランゲージに強烈さは見られない。もし本当に追いつきたかったら、もっと全速力で走っているはずだ。

No.h017

　追いつかれたものの、リッケはペタリと座り込んでしまった。これでは、お尻のニオイを嗅いであいさつの儀式をすることができない。

No.h018

　それでは！と、せめてメス犬が座った後の地面を嗅ぐことで、アスランは満足しようとした。その隙になんとか逃げ出そうとしているリッケの表情がユーモラスだ。

No.h019

「やっぱり同じ犬種の方が気が合うし楽しいね!! アスランはつまらない！」

「お、ケンカか。制裁せねば！」

　再び合流した２頭のコリーは、早速遊びにいそしみはじめた。「やっぱり同じ犬種同士の方が楽しいよね！　あなたと私、とても気が合うし、同じように走りたがるし！　アスランはつまらないよ！」。

　今度こそアスランは、おまわりさん役を買って出る。尾がぴんと上にあがり、彼の気持ちが高揚している様子がわかる。「お、ケンカしているじゃないか。なんとか制裁せねば！」と、はやる気持ちだ。

No.h020

アスラン

　２頭の間を引き裂いたアスランの、このほっとした表情。自分の任務にとことん満足。

Chapter **4** BODY LANGUAGE
犬種による遊び方の比較シミュレーション

No.h021

あれ、どうしてわたしたち遊んじゃいけないのよ。

クイニー　リッケ

あれ、どうしてわたしたち遊んじゃいけないのよ。と、互いがまるで顔を見合わせている！

No.h022

やれやれ、あのオス犬、やっとあっちへ行ってくれたわ！

No.h023

こら、ケンカなどするのではない！

ひゃぁ、もうしません、しません。

リッケ

お父さんがちびっ子たちを制裁する、という感覚だ。「こら、ケンカなどするのではない！」。左の犬は、すぐに謝る態度に出る犬だ。「ひゃぁ、もうしません、しません」。右の犬リッケは、それに比べて割合リラックスしている。

No.h024

僕は偉いのだから！と言わんばかり、尿をひっかけて自分の権威を見せはじめるアスラン。足が高々と上げられている。

No.h025

No.h026

おや、何だ、あれは？

この写真を連続してみると、犬が外界の何をどのように感じているのか、感覚がつかめる。尿を済ませて、すっきりした気持ちで走るアスランだが（写真No.h025）、次の瞬間、向こうでまたメス犬たちが一緒にはしゃぎはじめたのに気がついた。すると「おや、何だ、あれは？」と、観察しようとして今度はすっと頭を下げる。

No.h027

また2頭の間を裂こうとする。

No.h028

ひたすら追いかけ続ける。一方、ボーダー・コリーたちは楽しそうだ！

No.h029

ちぇ、また追いつかれそうだ！

ちぇ、また追いつかれそうだ！とボーダー・コリーたち。

No.h030

いったん追いついて、2頭を裂いたら、またアスランはすっきりしたような顔をして…。

No.h031

楽しそうに戻ってきたのであった。

　同じボーダー・コリーを相手にするにも、始終「おまわりさん」役でいてしまったアスラン。そして、ひたすら遊び相手を獲物に見立てて、乱暴な遊びを試みようとするローデシアン・リッジバックのバッセ。ここではっきりと違いが見て取れたでしょう。

Chapter 4 　BODY LANGUAGE
犬種による遊び方の比較シミュレーション

4-3　似たもの同士の遊び方シミュレーション

同じ犬種同士あるいは同じ遊びパターンを好む犬同士は、少々ボディランゲージが乱暴になっても、互いの「言葉遣い」が同じであるために、めったにケンカにはいたりません。それどころか、自分たちにしか通じ合えない遊び方（ボディランゲージ）すら、編み出したりします。

（マスティフ系とハウンド系のミックス）
2頭のローデシアン・リッジバッグの場合

バッセ　　グイーサ

ローデシアン・リッジバックのバッセと、彼の友達であり同じくローデシアン・リッジバックのメス、グイーサ。バッセとグイーサの気のあった様子をご覧ください。バッセの追いかけてタックルを繰り返すという遊びが、ボーダ・コリーのリッケに取ってはあまりいただけなかったのは、もう見た通りです。しかし、同じ犬種のグイーサであれば、これは非常にウェルカム！　彼女も、同じ犬種として同じような遊び方を好むからです。

No.i002

タックルがはじまる。グイーサは、前脚を使いたがる。この場合、バッセが獲物役。グイーサはハンター。しばらく、このようなドタバタの取っ組み合いを繰り返すと…。

No.i001

バッセ　　グイーサ

このシリーズは、首輪を目印に見進めてほしい。黒い首輪をしているのがオスのバッセ。していないのが、メスのグイーサである。バッセとグイーサがあいさつを交わすと…。

No.i003

「少し休もう！」

2頭は、一旦休戦する。「少し休もう！」。グイーサの飼い主によると、このポーズは、2頭の間の休戦の「儀式」だそうである。遊びは約10分行われたのだが、グイーサには、遊びが強烈になってくると、必ずバッセの上に前脚をかける儀式を行った。そして、バッセもそれを充分理解している。お互いに誤解を招いてはいけない！　だから儀式は大事なのだ。

No.i004

次の瞬間、今度はバッセがハンター役をつとめ、グイーサが獲物役になる。休んだ後なら、いくら乱暴に振る舞っても攻撃とは相手に捉えられないのだ。これが犬の遊び方でもある。

No.i005

ストップ、ストップ。
バッセ、ちょっと
強すぎよ！

ストップ、ストップ。バッセ、君はちょっと追いが強すぎるよ！　ここで、追いかけっこのスピードにブレーキがかかる。

No.i006

一瞬止まった後に、さらに追いかけっこが続く。

No.i007

バッセが、グイーサを首根元で捕まえる。彼女を地面に倒すためだ。これは、狩猟のときに使われる技だが、犬の遊びにはこんな風にたくさんの狩猟行動レパートリーが見られる。遊びながら、いわば将来の狩猟の訓練をしているわけだが、現在の犬には必要がない。それでも、犬たちは、食肉獣としての行動を今もたくさん残している。

もし、グイーサではなく、他の犬にこんな乱暴な遊び行動を見せたら、私はすぐにカット・オフ・シグナルを出しただろう。

No.i008

こんな派手なプレーもなんのその！　グイーサは決してめげない！

No.i009

そしてまたグイーサは、ハンター役に。追う役、追われる役の役柄を、2頭の間でスイッチしながら、追いかけっこと取っ組み合いの遊びを延々に続けてゆく。こうして遊びながらも、彼らが様々なボディランゲージを出して「これは単に遊びだからね！　本気で取らないでね」と、メッセージを出していることにも気づいてほしい。途中で乱暴な遊びを止め、一瞬小休止を取ることで、遊びの意図を互いに伝えている。

Chapter 4 BODY LANGUAGE
犬種による遊び方の比較シミュレーション

（牧羊犬種の遊び）
ボーダー・コリーと
シェットランド・シープドッグの場合

オーレ 　シージー

No.j001

　ボーダー・コリーのシージーがお得意の「そろり、そろり」の牧羊犬ポーズで、シェットランド・シープドッグのオーレを遊びのムードに誘いだす。おもしろいことに、オーレはなぜか遊びに応じるときに唇を短くする。これは彼の癖でもある。

No.j002　　No.j003　　No.j004

　牧羊犬には、歯をむき出して遊ぶ犬が多い。一旦遊びに興じはじめたオーレは、得意の表情を見せはじめた。一見オーレは、まるでシージーに攻撃でもしかけてくるようだ。しかし、心配ご無用。シージーのボディランゲージを見てほしい。非常にリラックスしている。彼女は、このオーレのおかしなボディランゲージを、別に怒っているのではないと１００％理解しているのだ。

　まったく別の犬種にオーレのこのボディランゲージを見せたら、きっと怖がらせてしまうかケンカの種を作ってしまうだろう。オーレの飼い主によると、彼はあまり他の犬種と遊ぶのが上手ではないとのこと。しかし、他の犬には決してシージーに見せるような歯のむき出し方もしないそうだ。出会う相手によって遊び方をわきまえるのも、犬のエチケット。

No.j005

　シージーも、攻撃心とは関係なく歯をむき出すことが多い。これは飼い主に向けて歯を見せているところ。いわば犬の「笑い」と解釈してほしい。歯をむき出して「笑う」表情を作るので有名なのは、他にダルメシアン、チェサピーク・ベイ・レトリーバーなどがいる。

　ちなみにこのコリー種の遊びと比べると、さきほどのローデシアン・リッジバッグはあまり歯を見せない、ということに気がつかれただろうか？
　それからローデシアン・リッジバックは、コリー種のように、相手にそろそろと近づく動作をあまり行わない。追いかけっこ→レスリング→休憩→追いかけっこ→…をずっと繰り返すのみだ。

（もちろん例外もある！）体形もスピードも違う犬種同士でも仲良く遊べる事例

ボルゾイ（サイトハウンド系）とコーギー（牧畜犬種）はどうやって遊ぶのか

フレイア 　ナッレ 　シャネル

　犬を遊ばせるときに、できるだけ似た者同士を合わせる方がいいと述べましたが、場合によっては、体形も気質もまったく違うもの同士が仲良くできるケースもあります。

　スウェーデン西部に住むクリスティーナさんのところに訪れたのは、彼女がコーギーという短足犬とボルゾイという脚長犬を群れで飼っているから。まったく意外なコンビネーションです。それも彼らはとても仲良く暮らし、いつも楽しそうに遊ぶということ。

　彼女は田舎に住んでいるので、まわりの草地で一斉に犬たちを放し、思う存分遊ばせます。私は、俊足でいつも走りたがるボルゾイのようなサイトハウンド犬が、コーギーとどう折り合って遊びを展開していくのか、観察をしてみました。

No.k001

「ほらほら！来い来い！」　フレイア

　コーギーとボルゾイが一緒に遊ぶとき、遊びをけしかけるのはたいていボルゾイの方である。フレイアが「ほらほら！来い来い！」とコーギーたちのエンジンをかけると…。

No.k002

「僕、君の遊びに応じているよ！仲間にいれてよ！」　ナッレ　シャネル

　まずはナッレが、かけっこに応じた。フレイアの思うつぼ！　そしてこれぞ、犬たちの至福の時間。コーギーとボルゾイは、その体型の違いすなわちスピードの違いにもかかわらず、なんとか互いに楽しむテクニックを得ているようだ。

　ナッレとシャネルの視線が、フレイアに向けられていることに注目！　スピードが必要だし、深い雪でのバランスが必要だから、フレイアの尾は舵の役目としてフル活用されている。だが、S字に曲げられているところを見ると、同時にコーギーとのコミュニケーションに使われているようだ。目はアーモンド状で細めになっている。口角はうんと後ろに引かれている。尾の先は体の外に向いている。これらどのシグナルをとっても、彼女のコーギーたちへの親愛さが推し量れるというものだ。

　コーギーがボルゾイを追いかけている、というよりもこれは、ボルゾイが走りまくっているところを、コーギーたちがついて行っていると考えた方がよさそうだ。この写真を見ると、いかにもナッレがフレイアを追いかけているようだが、フレイアの気持ちは、実は右端のシャネルに向けられている。フレイアの視線を見てほしい。

　ナッレが走っているのは「僕、君の遊びに応じているよ！仲間にいれてよ！」という意図。

No.k003

フレイア　ナッレ　シャネル

　私はよく、背が曲げられた犬は少し不安や心配を抱えていると訳すが、ここでは若干別の解釈が必要だ。というのもボルゾイは視覚ハウンドというスピードを得意とする犬として、背骨が非常に伸縮自由でしなやかなのだ。カーブを描くトップライン（背線）はこの犬種の特徴ですらある。

　ここでフレイアは一旦急ストップをかけたため、前脚と後脚がよりお腹の下に入り、それで背が曲がる。風を切って、耳がおかしな形になっている！　そして、シャネルの方へ方向転換を行う。するとシャネルの耳が、後ろに引かれた。

No.k004

「いいよ、君と一緒に走ろうではないか」

　シャネルの方へ向かって、ジャンプを試みる。ここでもの尾の先は体の外に曲げられており、フレイアのシャネルへの親しさが感じられる。目はアーモンド状で、口角も後ろの引かれている。

　そしてシャネルの、フレイアを誘うボディランゲージを見てほしい。腰を落とし、左前脚をあげて、これから一緒に走ろうという遊び心一杯の感情が読み取れる。「いいよ、君と一緒に走ろうではないか」。

Chapter 4 犬種による遊び方の比較シミュレーション

ボルゾイとこんなに積極的に遊べるのも、コーギー独特の元気さと気の強さのおかげでもある。彼らは小さいけれど、決して不安でブルブルしているような犬ではない。元気で勇敢。何しろ、元々は牛を追っていた牧畜犬だ。牛は羊と異なり、なかなか強情で動かないから、追う犬はさらに押しが強くなければならない。

フレイアの目はシャネルに釘付け。後ろを走るナッレには目もくれない。シャネルの方が、群れでの地位が高い。そう、体がこんなに小さくても、生きてきた経験の長さ、そしてメンタル面での強さがあれば、自分より遥かに大きな犬をもリードすることができる。人間の世界と同じ、必ずしも身体的なメリットだけが、群れのリーダー格を作るわけではない。

それからフレイアのように、群れの中の犬というのは、いつも優位の個体に気持ちを集中させるものだ。というのも、相手がどんなシグナルを出しているか、自分がそれに応答できるよう、適切なシグナルを出さなければ…と気を使っているからだ。なにしろうっかり間違ったシグナルを出しては、相手を挑発してしまうかもしれない。

ところで、左端で棒をくわえて走るセフィアは、群れの遊びの中心になることはあまりない。ここで見るように、自分だけで楽しん

No.k005

で走っている。彼女はこれで、とても幸せ。デイケアセンターの章で見たダックスフンドのサーシャも、追いかけっこのときは脇役をこなしていたが、セフィアの場合と少し異なる。サーシャは気弱で、グループからなんとか外されないよう、みんなの後を常についていくタイプ。しかし、セフィアはグループに属しながらも、そこで自分の世界を作って、ひとりで楽しんでしまうタイプ。セフィアのような犬は精神的に安定し、とてもバランスが取れている犬だ。

ボルゾイのような俊足の犬とコーギーがどうやって追いかけっこ遊びをしているのか、これで理解できる。時々こうしてスピードが増し、乱暴に遊ぼうとするフレイアに、シャネルはブレーキをかけるのだ。「フレイア、あんた、ちょっと行き過ぎ！もう少し礼儀正しく遊ぶのよ」。シャネルが怖い顔をした。まさか大ケンカが起こるのではないか、と思われるだろう。けれども、シャネルは本当に攻撃的になって怒っているわけではない。口角は後ろに伸び、両耳は離れている。尾は少し横に傾けられている。歯をむき出しているのは、警告の意味だ。

フレイアはシャネルの警告をちゃんと読んで、思いっきり飛びつくかわりに、背を緩めて、勢いにブレーキをかけた。「おっと、いけない！」。

飼い主のクリスティーナさんによると、コーギーたちはボルゾイが追いつめてくるときの「ブレーキ」対策として、振り返って彼女の脚をパクリと咬んだり、喉元あたりまでジャンプするそうだ。足元を咬むというのは、まさに牛追い犬、コーギーらしい行動だ！（コー

No.k006

「おっと、いけない！」

「フレイア、あんた、ちょっと行き過ぎ！もう少し礼儀正しく遊ぶのよ。」

ギーが牛を追うとき、時々牛のかかとを咬む）。

しかし、こんな風につき合えるのは、彼らが互いのボディランゲージを本当に分かり合っている友達同士だから。コーギーに他所のボルゾイとこんな乱暴な遊びをさせては、絶対にいけない。

犬の遊びは、どちらかがブレーキをかけ勢いを緩めた後、またすぐに再開されるものだ。シャネルはまた走り出す。

先ほどの叱責が心に残っているらしく、フレイアはだいぶ譲歩してシャネルを追いかけている。それは尾の先が外に向いていることからわかる。

そして、ナッレ。誰も追いかけてくれないのに、それでもこのゲームに参加したい。それで走り続けるのだが、同時に彼は関わらないようにしていることにも注目。犬の遊びは、時にあまりにも熱くなり過ぎ、遊びの興奮が、ちょっとしたきっかけで（たとえばボディランゲージを読落したとか）、百分の一秒の間に簡単にケンカに変わってしまう。人間からすると、どうして遊んでいるのにケンカに発展してしまうのか理解しにくいだろう。でも動物は、このゼロかイチの感情世界に生きている。乱暴な遊びをどうやったらコントロールできるのかそれほど確信が持てないナッレは、自分にとばっちりが

No.k007

来たりしないように少し距離をあけて、自分のペースでゲームを楽しむ。参加することに意義あり！

No.k008

ここで狩猟欲スイッチのサインに気づくだろか

　サイトハウンドというのは、本当におもしろい動きをするものである。体がしなやかなせいだろう。後脚を宙にしたまま、体をよじらせる！

　フレイアは、まだまだ"優しく"遊びに興じているものの、私には彼女の目に、「狩猟欲」のスイッチが入りはじめているのが見える。少し爛々としてきていることに気がついただろうか。

　それをシャネルも察して、少し焦りはじめている表情が伺える。耳は後ろにうんと引かれ、口角が後ろに伸びている．顔を少しフレイアの方に向けている。決して怖がってはいない。この表情まで出れば、シャネルが再度フレイアをたしなめるのは時間の問題。

No.k009

　案の定。「あんた、またやり過ぎなのよ、こら！　もっと礼儀正しく私と遊びなさい！」。シャネルはフレイアに面と向かう。フレイアの後ろでよく見えなかったのだが、多分、シャネルはコーギーの得意技、脚咬みを行おうとフレイアに飛びついているのかもしれない。こうして、フレイアにまたブレーキをかける。

> あんた、またやり過ぎなのよ、こら！　もっと礼儀正しく私と遊びなさい！

No.k010

　湖の岸まで来ると（そう、実は犬たちは凍った湖面上で遊んでいたのだ）、走るのを止めて一休み。セフィアも追いついてきた。ゲームには参加しないのだが、こうして仲間のそばにいるのが好きだ。しかし、棒を咥えたまま、とても嬉しそうではないか！　我が道をすすむとは、彼女のことだ。

　フレイアは、岸についてきた瞬間は耳を寝かせていたのだが、またすぐに立てた。いつでもまた走り出す用意があるようだ。一方シャネルは、ここまで！とフレイアに自分の権力を見せつけるかのように尾を上げて、その場を去ろうとしている。

> ここまで！

（フレイア／セフィア／ナッレ／シャネル）

Chapter 4 BODY LANGUAGE
犬種による遊び方の比較シミュレーション

4-4 レトリーバー独特の行動シミュレーション

　家庭犬の代表的とも言えるレトリーバー種たち。人間にはとことんフレンドリーですが、果たして、犬に対しても同じように親しそうに振る舞うのでしょうか？

　もちろん、攻撃的なレトリーバー種はいます。しかし多くの場合、社会化訓練の欠如あるいは健康的な問題で痛みを持ち、それで余計に防衛的になっているなど、必ず理由があります。彼らはやはり根本的には、他の犬に対してもそれほど防衛的ではなく、平和を愛する犬種です。

　レトリーバーたるもの、オス同士でも、仲良くはせずとも少なくともケンカをふっかけたりせずに、互いに無視できる気質を持っていなければなりません。それはなぜかと言うと、彼らは狩猟犬であり、よって他の犬たちと一緒に働くことが要求されました。仲間が働いている間、自分も獲物を口にくわえて運ばなければなりません。このときに防衛心が強い犬では、相手が通り過ぎたというだけでケンカをふっかけてしまうでしょう。そんな「ややこしい」気質を持つ犬は、レトリーバーが行う狩猟の世界（撃ち落とした鳥を運ぶ）からは、淘汰されてきたはずです。

ラブラドール・レトリーバーの場合

マックス

　特有の「楽しい機会があったら逃さない！」態度が、ボディランゲージに出ている様子をご堪能あれ！　好奇心いっぱい。ちょっとのことがあっても、めげずに、すぐに相手に「うれしい」シグナルを発信。この心理強さがあるから、ラブはさまざまな職業に適する犬ともなるのです。

　顔の皮がぴったりと頭蓋骨についており皮膚にたるみのないラブは、相手に出会い、親和を見せるために顔を緩ませると、さらにのっぺり顔になってゆくのがおもしろいのです。

No.m001

マックス

なに、君は？

コーラ

ラブ語が垣間見える出会いのシーン

　ラブラドールらしい表情を見せているのは若いオス犬のマックス。相手を見ると嬉しがりプレイバウのような動作を取るのも、またラブらしい行動だ。しかし完全なプレイバウでないのは頭部が持ち上がり、体重が後ろに置かれていることでわかる。謙虚さと嬉しさが一緒になったようなラブ語でもある。一方それと対照的に、年老いたジャーマン・シェパードのコーラのボディランゲージ。ラブのように、人生ケラケラと笑いながら生きているわけではないのが読み取れるだろう。何かとシリアスに物事をとる。「なに、君は？」といった風だ。

No.m002

さすが、犬との付き合い経験が豊富なコーラだ。すぐに、マックスのボディランゲージから彼の意図を読み取った。マックスの気持ちをやわらげるよう、頭を下に向けて彼の語り掛けに呼応した。もうマックスを直視していない。耳がわずかに後ろに傾けられている。

このコーラのシグナルに対して、さらにマックスはラブラドールらしい態度を見せる。「ああ、よかった。何事もなくて！　ちょっと緊張したから、地面を嗅ごう！」。緊張したあとに、気持ちをほぐすよう地面のニオイを嗅ぐ、気持ちのバランスをすぐにとろうとする。置換行動だ。自分の気持ちに素直で、人生をくよくよせずに幸せに生きようとするのも、ラブらしい人生の知恵。尾も上がっている。

ラブはこのように、自分が何をすべきかの心の処置をわかっているので、ストレスにめげにくい。それがこのボディランゲージにも表れている。だからこそ、ワーキング・ドッグの中でも、ラブの働くフィールドは他の犬よりも断然広い。めげにくい性格なおかつ明るく気持ちを保てる素質は、ラブを無敵のワーキング・ドッグに仕立てた。

ただし、その性格にすっかり安心して、単なる家庭犬として刺激のない生活を強いてしまうと、いくら人生を明るく生きる素質を持っていても、問題犬にしてしまう。ラブラドールを飼う場合においての飼い主の心構えは、この犬はあくまでも作業の素質をもったエンジンの大きな犬であるということ。そのエンジンを必ず使わせてあげることである。

No.m003

> 君、ちゃんとルールをわきまえているのだろうね。お行儀よく振舞うのよ。

マックス

コーラ

コーラは、マックスの後ろを通り過ぎる。頭を下げてカーミング・シグナルを出しているものの、ちらりと視線を送り釘をさしておくのも忘れない。「君、ちゃんとルールをわきまえているのだろうね。お行儀よく振舞うのよ」。耳がしっかりマックスの方に向けられているのも、マックスに注意を払っている証拠である。

しかし、さすがラブだ。やたら怖がったり、変にいじけたりしない。ラブは好奇心の強い犬でもある。だから、行儀よく振る舞いながらも、とてもポジティブな気持ちでコーラを見つめる。

No.m004

> こんないいことがあるのだもの！この機会を利用しなきゃ！

しかしコーラの一瞬の視線には、決して怒りや脅威に満ちた意味はない。だからこそ、マックスはコーラから反感を買っていないことに安心して、さらに好奇心を募らせコーラの方に近づこうとする。近づく勇気が出たのは、コーラのカーミング・シグナルのおかげだ。コーラは今、ハンドラーの顔を見ており、マックスには背を向けている。

ラブラドールという犬は、こんな風に楽しい機会を常に狙い、あれば逃さないタイプでもある。だからこそ人生を楽しく生きられるのだろう。「こんないいことがあるのだもの！　この機会を利用しなきゃ！」という態度でもある。

No.m005

するとしばらくして、コーラはラブに顔をさっと向けた。「うひゃ、うひゃ！僕、何もしないから！」とすぐに体の重心を後ろに落とし、頭を下げ、尾を落とす。すかさず謙虚な態度をとろうとする。耳の付け根が後ろに引かれていることにも注目。

レトリーバー種たちというのは、概してこのように他の犬たちのシグナルを読むのがうまい。というのも、狩猟は他の犬たちと一緒に行われる。シグナルを読み損ねて精神不安定になったストレスから相手とケンカをしたり、常に不安がっていたりしたら、狩猟は成り立たなくなる。相手のシグナルをきちんと読める能力、そしてそれに答えるだけのボディランゲージを見せる能力。これぞ、レトリーバーらしさともいえるだろう。

しかしこれは、他の犬たちに会わせるなどの社会化訓練をきちんと経ていないと、その能力も開発されない。これはレトリーバーを育て上げる上でも大事なことだ。

> うひゃ、うひゃ！僕、何もしないから！

Chapter 4 BODY LANGUAGE
犬種による遊び方の比較シミュレーション

ゴールデン・レトリーバーの場合

ムッレ

　ゴールデンは、ストレスに対する許容量がとても大きく、ゆえにおっとりしています。よって、カーミング・シグナルを長く出し続ける精神的な器も備わっているということなのです。よほどのことがない限り、自分を防衛しようと相手に攻撃をけしかけたり、守りの体制には入りません。

No.m006

　年老いたゴールデン・レトリーバーのオス犬、ムッレが遠くにシェットランド・シープドッグのディノを見つけた。ここに好奇心に満ちた態度が見受けられるだろう。レトリーバーらしさというものだ。しかし前出のマックスに比べると、ムッレの動作はとても落ち着いたもの。ラブに比べるとゴールデンは、概して落ち着きがある。同じ心情を表していても、こんな風に差を読み取ることができる。ただしムッレの場合、特に歳をとっているせいというものある。

No.m007

大丈夫かな。

　やってくるのは、ディノだ。ムッレは好奇心に満ちた態度を見せているのと対照的に、シェットランド・シープドッグであるディノは「大丈夫かな」と慎重な態度を見せている。尾は下がっているし、耳は後ろに引かれている。不安だから、後ろに立っている飼い主を頼っているのだ。だから片方の耳が、やや後ろ横に引かれている。口角が引かれているのも、彼の不安な気持ちを表している。

No.m008

　2頭は近づくとあいさつを交わし、お尻を嗅ぎ合い相手を確認。その後気が済み、ムッレはディノの動向をやや伺っている状態だ。ゴールデンはこのように、自分から何かをするというよりも、これから状況がどのように発展していくか待ちながら、それにあわせてゆっくり行動するのが上手だ。いきなり飛びかかったり吠えたりして、自分で状況を操作するようなことはしない。ゴールデンのおっとりさというのは、実はこのように解釈できるというわけだ。もちろん、社会化訓練や環境訓練が入っていない犬であれば、ゴールデンとはいえ突然の行動を起こし問題犬になってしまうので留意していただきたい。

No.m009

　ムッレは相手を安心させようと体重をやや後ろにかけたものの、ディノはあまりリラックスしていないようだ。彼はそれでもゴールデンらしいおっとりさで相手にやさしい表情を見せ、状況がどのようになっていくものかを観察している。余計な行動をディノに見せていない。

No.m010

　なんとなくまだ不安そうなディノ。ムッレはディノから離れて、カーミング・シグナルとしておしっこをした。このようにゴールデン・レトリーバーはゆっくりと状況を見て、相手を読んで行動をするので、相手の犬を安心させるのがとても上手でもある。つまりカーミング・シグナルを出すのがとてもうまい犬種ともいえる。もちろん、きちんとした社会化と環境訓練の上で、発揮される才能である。

フラット・コーテッド・レトリーバーの場合

マイヤ

　相手から反感を買われないよう、なんとか状況を丸く納めようとするフラットらしいボディ・シグナルの出し方に注目。プレイバウを見せるだけではなく、写真No.m012のマイヤの頭部の掲げ方を見てください。上から下に仰ぎ上げるようにボボに応対しています。これは、子犬らしさ（つまり無害であるということ）を見せる最高のフレンドリー動作でもあります。このように、即座に相手に対して親和のボディランゲージを見せるのは、犬種に関係なくレトリーバー種に共通した特徴です。

No.m011

わたし、ぜ〜んぜん敵意もないし、謙虚よ。ね？　怒ったりしないでね。私ってホント、人畜無害のやさしい犬よ！

マイヤ

　レバーカラーのフラット・コーテッド・レトリーバー嬢のマイヤは向こうにいる黒いミックス犬のボボを見るなり、フラットが持つもともとの友好的な態度によって走ってやってきた。ただし、よ〜くボディランゲージを観察してほしい。まず尾。尾は上がっておらず、その先が下を向いている。体全体が低くなっており、頭も低く掲げられている。耳は後ろに引かれている。唇も長く後ろに引かれている。「わたし、あなたのところにやってくるけれど、ぜ〜んぜん敵意もないし、それどころか、とても謙虚な犬なのよ。あなたが実は無駄に威張っているのは、なんとなくわかるのよ。ね？ね？ね？私が来たからって怒ったりしないでね。私ってホント、人畜無害のやさしい犬よ！」。
　ボボは次の写真で見るとおり、仁王立ちになって、やってくるマイヤを見つめている。ボボは"タフガイイ"をよそおいながら、実は自分の威厳を壊されるのがいやである。やや心もとない"威張りん坊"のオス犬だ。そのボボのサインを即座に読み取り、マイヤにこのボディランゲージが現れる。フラットコーテッドはその性格上、動作がすばやくボディランゲージの見せ方もあっという間であるが、相手の動向を読み取るのもまた同様にすばやい。

No.m012

何か嫌なことがあったらどうしよう

ボボ

　ボボの尾は高く掲げられている。尾の先は、体に向かって落ちている。かなり威張っている状態だ。ただしの背中の逆毛が立っていることに注目。耳が大きく広がっている。このことから、ボボは強いオスだということを見せながらも、心のどこかで「何か嫌なことがあったらどうしよう」という恐怖心を常に抱えている犬でもある。さて、こんな「複雑な」心情の持ち主に出会ったフラットコーテッド・レトリーバーのマイヤ嬢の反応は？
　マイヤの頭部の掲げ方を見てほしい。マイヤの作法は満点だ。上から下に仰ぎ上げるようにボボに応対する。これは、子犬らしさ（つまり無害であるということ）を見せる最高のフレンドリー動作でもある。このように、即座に相手に対して親和のボディランゲージを見せるのは、犬種に関係なくレトリーバー種に共通した特徴だ。

No.m013

おい、いいかい。僕はオスだぞ。強いのだぞ。

　さすがレトリーバーである。このような木の棒があると、何かせずにはいられない。しかし、ボボと対面しているマイヤはすぐさま木の棒を取らずに、相手に取らせようとした。これはオス犬とメス犬の間にてよく見られる行為だ。メス犬は屋外では、オス犬に何かと優先権を与える。そしてボボの姿勢を見てほしい。マイヤの肩に鼻面を当てて迫る。「おい、いいかい。僕はオスだぞ。強いのだぞ」とオス独特の行動を取る。これに対してマイヤは何も反論しない。耳は後ろに引かれ、謙虚な気持ちを見せている。あれほど咥えるのが好きな犬なのに、棒を自分で取ろうともせず、相手に譲る。しかし、ボボにはそれほど物品欲がないのだろう。何しろ、レトリーバーではないのだから。棒自体にはそれほど興味がないようだ。

Chapter 4 BODY LANGUAGE
犬種による遊び方の比較シミュレーション

No.m014

> ほら、ね？ね？ね？

マイヤはボボの気持ちを和らげようと、自分の謙虚な気持ちをさらに示そうとした。それでプレイバウ（遊びを誘う動作）を見せて、相手の機嫌をとる。しかし遊びを誘うというよりも、彼女の気持ちはかなり必死だ。胸が地についている。尾も低いところで激しく振られている。耳がうんと後ろに引かれている。「ほら、ね？ね？ね？」。フラットらしい早口でボボに語りかける。必死で状況を和らげるマイヤであるが、目がボボを直接見ていない点にも注目。目を長い間直視すれば、相手を怒らせてしまうことにもなりかねない。そしてマイヤの肩の毛が逆立っていることからも、彼女自身、果たしてこのオス犬の気持ちを和らげているのかどうかわからない不安さが表れている。しかしマイヤは、決してガチャガチャしているだけの騒がしいフラットではない。相手をわきまえてしっかりと「話す」術を心得ているのは、この一連の写真から明らかだ。

No.m015

> あ、そう。もうわかったよ。じゃあいいや。さよなら。

ボボの表情を見てほしい。マイヤの必死な気持ちはやっと通じたようだ。「あ、そう。もうわかったよ。じゃあいいや。さよなら」とその場をさるボボには、リラックスしたボディランゲージが読み取れる。前ほど体がこわばっていない。
　その場を去るということは、ボボは今や、マイヤにその棒を取らすことを許したということでもある。早速マイヤは、レトリーバーらしく棒を取り上げている。

No.m016

> ヤッホー！棒をくわえるのは楽しい!!

マイヤの幸せそうな表情！「ヤッホー！棒をくわえるのは楽しい！！」。フラットらしい、気が晴れた1シーン。

No.m017

　この写真の一番右の犬は、いかにもフラットの性格を表したもの。4頭くっついて並ばなければならないのだが、犬同士が近くに座るというのは、犬にとってかなりしんどい。相手を怒らせてしまうこともあるかもしれない。しかし飼い主は、写真撮影のためにそこにいろ！とコマンドを出す。葛藤状態に陥り、ストレスをすぐに感じてしまう。それで寝転がって、なんとかこの葛藤状態から逃れようとした。これを転移行動という。ふたつの相対する感情が存在し（離れたい、でも離れちゃいけない！）、葛藤しているときに見せる行動だ。

Chapter 4   125

4-5 鼻ペチャ犬の遊び方シミュレーション
鼻ペチャ犬の平たい顔に慣れてもらおう！

　フレンチ・ブルドッグは、ペットとして世界中で人気があります。そのユーモラスな見かけだけでなく、いつも機嫌がよく愛嬌もいっぱい、誰にでも明るく接する性格も愛される所以でしょう。

　ただし私の目からみると、フレンチ・ブルドッグは他の犬に比べて、なんとなく犬としてのボディランゲージが乏しいように思えます。あるフレンチ・ブルドッグの飼い主がこんな質問をしてきたことがあります。

　「耳はいつも立ったままだし、顔はつぶれている。だから、口角の位置が変わったのかそうでないのか分かりにくい。それに尾は短い。いったいどうやって相手の犬にカーミング・シグナルを出すことができるのでしょう？」。

　そう、彼らの感情は、あまり顔に出てこないのです。というか、つぶれた顔のために、ニュアンス（微妙さ）が作りにくい。そのため、他の犬からよく誤解を受けてしまいます。フレンチ・ブルドッグだけでなく、これは短吻犬種に共通した問題でもあります。

　「うちの犬は、パグを見るととても不安がり、最後には怒りだします」なんていう飼い主も過去にいました。短吻犬種の飼い主としては、これはなんとかしなければなりません。かといって、彼らのマズルを引っ張って長くするわけにはいきませんね。私たちに出来るのは以下の通りです。

短吻種の飼い主ができる2つのこと

その① 短吻種の見かけに困惑する他の犬の反応を観察して、ボディランゲージの先読みをすること（相手が怖がっているか、警戒しているかなど）。そして余計なケンカに愛犬が巻き込まれないよう、対処する必要があります。

その② 愛犬に、いろいろな犬と会わせることで、みっちりと社会化訓練を入れましょう。そして、自分なりのボディランゲージを習得してもらうのです。

　ボディランゲージとは、顔の表情がすべてではありません。カーミング・シグナルには、あくびもあれば、体を低くしたり、顔を背けたりする動作もあります。ゆっくり歩くのもカーミング・シグナルのうちです。ですので、体の姿勢や動きをよりはっきりさせることによって、顔の表情の乏しい部分を補うこともできます。これは私たちが直接教えてあげることはできず、社会化訓練を積むことで犬自身が自分で学ばなければなりません。どうやったら相手に分かってもらうボディランゲージを出せるのか、小さい頃から練習をする必要があるのです。

　他の犬に有って自分に無いものをいかに補うかの例として、短吻犬種ボクサーの実話のような話を紹介しましょう。

> 　ボクサーの若犬が、大人のシェパードに出会いました。シェパードは堂々とやってきたにもかかわらず、ボクサーから何も返事をもらえず戸惑いはじめました。実は若犬は断尾されていて、振られるはずの尾が見当たらず、シェパードは彼の感情を読めないでいるのです。不安を感じたシェパードは、ボクサーに対して唸りはじめました。ボクサーは怖くて怖くて、ない尾を振ったり口角を後に引いたりして、自分は無害だという信号を懸命に送っています。シェパードにとって、口角の位置をもボクサーのつぶれた顔形から見分けることはむずかしいようです。更なる威嚇体制に入ったシェパードに対し、ボクサーは一層の服従態度を示しました。断尾されているとも知らず、短い尾を脚の間に入れる努力をしているのが、人間の目からは分かります。と、そのときボクサーの背中が曲がったので、彼の小さく見せようとしている努力が、シェパードにも分かりました。「そうか！　この子は怖がっている！」。そう納得したとたん、シェパードは唸り声を止めました。
> 　　　　　　　　　　　　(R. Sjöberg "Hundspråk" より)

No.n001

　おそらくこのボクサーは数多くの犬と出会ううちに、しっぽを振ったり口角を後ろに引くという初歩的な信号をすべて飛ばし、一番手っ取り早く相手をなだめられる動作「背を曲げる」を最初に学習していくはずです。

　犬本来のボディランゲージを伝えにくい犬種の場合、彼らにとって何がベストな「言葉遣い」なのか、小さい頃から多くの仲間に会わせて言葉のトレーニングをさせるのは大事なこととも言えます。

　また普通の体形の犬でも、世の中には様々な犬種がいるのですから、どんな犬からでも微妙なニュアンスを汲み取れるよう、やはりできるだけ数多く出会って言葉のトレーニングを積んでもらう必要があります。

Chapter 4　BODY LANGUAGE
犬種による遊び方の比較シミュレーション

自分は短吻種を飼っていないからといって、他人ごとではない話

　同時に、フレンチ・ブルドッグの飼い主ではない人にとっても、この問題は決して無縁ではありません。あなたの愛犬が、短吻種の不思議な表情によって怖がるあまり、いつか攻撃的な行動を見せるかもしれません。というわけで、機会があれば（できれば子犬期に）フレンチを含めたあらゆる短吻犬種（ボストン・テリア、パグなど）に愛犬を会わせて、彼らの独特なボディランゲージに慣れるよう、社会化訓練をさせるべきでしょう。

　表情の乏しさだけでなく、短吻種はよくフガフガと音をたてて呼吸をします。この音に驚いて警戒する犬も、とても多いのです。また特にパグなどは、歩き方が肩をいからせたようでノッシノッシと歩きます。この独特な振る舞いも、社会化訓練に乏しい犬であれば怖がってしまうでしょう。怖がるということはすなわち、自分を防衛しようと後に攻撃行動に変わってきます。

　付け加えると、フレンチ・ブルドッグの天真爛漫さも、ある意味で他の犬を混乱させてしまう原因にもなっているのですね。あまりにも物事に積極的。ひるむ態度を見せません。ある犬にとっては、これが「カチン」ときてしまう原因にも…。もともとブル系の犬ですから、勇敢さは兼ね備えています。かつてはたくましさと防衛心の強さを活かして闘犬やガーディアン（護衛）として活躍していました。

　フレンチ・ブルドッグは現存するブル系の犬の中でも、小型愛玩犬として"余計な"防衛心が取り除かれたユニークな犬種であり、御婦人でも扱える優しい犬に変身を遂げています。ところが、中には今でも昔のブル魂を少しだけ残している子もいます。そして、彼らはなかなか好戦的です。

　ここで、フレンチ・ブルドッグの若犬、エッヴェに出会ったラブラドール・レトリーバーのマックス、そして私の愛犬アスランがどんな反応を見せるかの実験をしてみました。マックスは、実は短吻種が苦手です。一方、アスランはいろいろな犬に出会い慣れている犬です。エッヴェはまだ若犬なので、特に自分なりのボディランゲージというのは発見していないようですが、飼い主のヨルゲンさんに、エッヴェの社会化訓練として来てもらいました。

短吻種を苦手とする犬、
マックスとの会話
エッヴェ＋マックス

No.n002

短吻種の心が読める犬、
アスランとの会話
エッヴェ＋アスラン

No.n003

フレンチ・ブルドッグのエッヴェと
短吻種を苦手とする犬、マックスとの会話

エッヴェ　マックス

No.n004

マックスが、向こうからやってくるエッヴェを見つめているところだ。マックスはもともと精神的に不安定な犬で、何かあると攻撃的な行動に発展しかねない犬だった。しかし、飼い主のドロシーさんの「絶対に問題犬を作らない！」という決心と意気込みで、マックスが思春期の頃から私のところでトレーニングのコツを学んできた。そのおかげで、すばらしい協調関係を結ぶようになったのだ。今やマックスは、自分の気持ちをある程度コントロールできるようにまでなっている。

ドロシーさん　マックス

No.n005

ヨルゲンさん　エッヴェ

エッヴェが飼い主のヨルゲンさんとともに、徐々にマックスの方向に近づいてきた。エッヴェは特に表情を変えていない。フレンチ・ブルドッグは表情に乏しい犬種だ。

No.n006

エッヴェの存在を確かに認めたマックスは、カーミング・シグナルとして舌をぺろり。尾は上がっているが強張っている状態ではないし、尾の先が外に向いている。エッヴェに対して敵対心がないことを示している。

128　Chapter 4

Chapter **4** BODY LANGUAGE
犬種による遊び方の比較シミュレーション

No.n007

「僕は母ちゃんに集中するからね！」

　「いや、僕はやっぱり母ちゃんに集中するからね！」とすかさず、ドロシーさんに注意を向ける。たとえ他の犬に出会っても、すかさずドロシーさんの元へ注意を戻すのは、この一頭と一人の間にいい協調関係ができあがっているから。彼の耳が後ろに引かれているのは、ドロシーさんに対する親愛のシグナルとともに、エッヴェに対しても安心させようとするカーミング・シグナルを見せているため。再び、元気よくドロシーさんと歩き出すマックス。

No.n008

　マックスはエッヴェを見る。背も丸くなっていないし、尾は高めであるけれどゆるやかなカーブを描いていることから、リラックスしているのがわかる。

No.n009

どうして僕に応答しないの？

　次ぎの瞬間マックスの尾が落ち、耳がさらに後ろに引かれ、背が丸くなる。エッヴェがマックスのフレンドリーなシグナルに何も反応しないからだ。というか、エッヴェの顔の構造上、そして尾が短いために、犬らしい表現ができないのだ。だから、マックスは一瞬、混乱を見せる。「どうしてなのだろう？　なぜ僕に応答しないの？」。

Chapter **4** 129

No.n010

わからないから、
しょうがないな。
母ちゃんに集中するよ。

「君が何を言っているのか、わからない。ならしょうがない。母ちゃんに集中するよ」と、無視を決め込むことにした。

No.n011

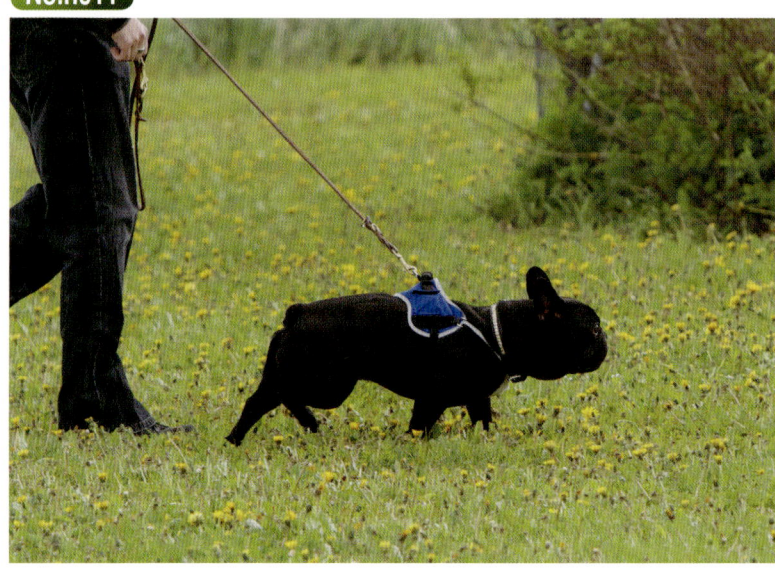

マックスに近づいてゆくエッヴェ。しかし、その割にはあまり表情の変化がないのに気がつかれただろうか。耳も、もう少し寝かされてもいいはずなのだが。早く前に行きたいために、飼い主をせかす。

No.n012

おい、待てよ。なんだこれは。
僕はちっとも理解できないじゃないか。
なんか、嫌だよ。

「おい、待てよ。なんだこれは。僕はちっとも理解できないじゃないか。なんか、嫌だよ」。エッヴェの気持ちに確信が持てない、マックスのボディランゲージ。背が曲がり、尾の先が体に近い。

Chapter **4** BODY LANGUAGE
犬種による遊び方の比較シミュレーション

No.n013

この瞬間おそらくドロシーさんは、マックスのボディランゲージをすかさず読んで、彼の名を呼んだのだろう。マックスはさっと頭を上げ、ドロシーさんに応答する。耳がさらに横に開かれ、やや情けない表情となっている。先ほどまで尾の先が体に向かっていたのに、今では外に向いている。ドロシーさんとコンタクトを取っているために、少し謙虚に振る舞いはじめた。

No.n014

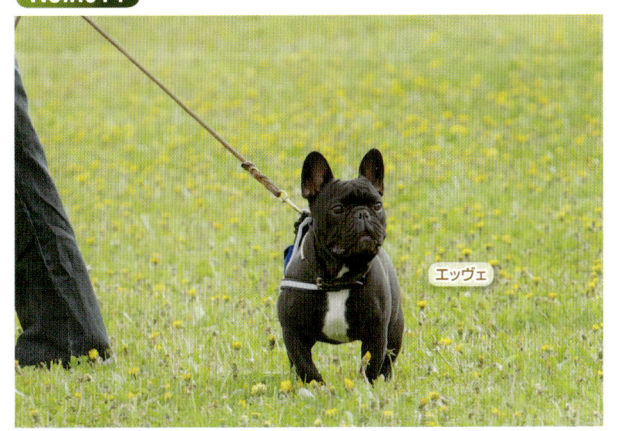

一方、エッヴェはマックスの心配をよそに、彼を直視している。相変わらず、表情の変化がない…！ これはさらに、マックスを不安にさせた。

No.n015

エッヴェは前に行きたいために、リードを引っ張りはじめた。このときはじめて右耳が飼い主の方向に傾き、表情らしいものが現れた！

No.n016

すると、マックスはやっとホッとしたような表情を見せた！ 彼を少しでも読むことができたからだ。口角が後ろに伸び、耳が横に開いている。
フレンチ・ブルドッグは、マックスだけでなく他の犬からもよく疑惑を持たれる犬だ。それは、彼らの表情の乏しさのためである。顔がぺちゃんこであり、マズルに欠けていること。口角を確かめることができない。さらに、しわにあふれた顔でありながら、目のまわりの皮膚がぴっちりと張っているために、表情のニュアンスが作りにくいこと。

Chapter 4 131

攻撃性はいきなり生まれない！
犬がフラストレーションを積もらせる過程

No.n017

一時的にエッヴェの反応を認めたものの、どうも相手は読みにくい。そこで、マックスは再びドロシーさんに気持ちを集中させようとする。リラックスをした表情を一瞬見せる。

No.n018

しかし、油断ならない気持ちがその尾に少し現れてきた。尾が、背に向きはじめている。相手に対する「はったり」でもある。

No.n019

そしてすぐに、エッヴェを見た。尾は上がり、耳はヘリコプターの羽のようになっている。「はたしてあのカエル犬の反応は？」何もなし。こんな状態が何回か続いた。

そのときに、マックスの気持ちはどうなっているのか？ これが、私がいつも言う「緊張感の積もり」の過程だ。犬はいきなり相手に対して、攻撃的な行動を見せるのではない。こんな風に、いくつものフラストレーションやら不安が心の中に積もってゆく。その気持ちを最後に処理しようとして、相手にもっとダイレクトなボディランゲージで威嚇を見せる。しかし今のところ、まだマックスはなんとかドロシーさんに「尽くそう」としている。

Chapter **4** BODY LANGUAGE
犬種による遊び方の比較シミュレーション

No.n020

No.n021

No.n022

おそらくエッヴェは、あまり社会化訓練を受けていないのだろう。飼い主のヨルゲンさんは、実はロットワイラーの大ファンで、すでにロットワイラーを過去に何度も飼っているし、今も家にいるのだ。エッヴェがやってきたのは、マスコット犬としてだそうだ。確かにロットワイラーには、たくさんの訓練を施しているものの、彼はどうやらエッヴェのトレーニングをおざなりにしているようだ。

No.n023

No.n024

あっちへゆけ！

フレンチ・ブルドッグのエッヴェのこの表情の乏しさ。体の向きを変えては、相手にコンタクトを取ろうとしているのに、この間、まったく表情にニュアンスを作っていないことに気づいただろうか。どの表情もまったく同じなのだ。耳も、本当だったら後ろに引いたり上がったりするはずなのだが、それがまるで見られない！　これでは他の犬を混乱させるはずである。
　私は、いくらフレンチ・ブルドッグでも…と少し疑惑を感じた。

一瞬で表情は変化する！

　写真No.n023から写真No.n024の過程に至るまで、わずか2秒のできごと。写真No.n023では、マックスはいつものとおり、ドロシーさんに平和な気持ちでついて歩くのだが（体はそれほど強張っていないことからも察することができるだろう）、エッヴェがちょうどマックスと平行に並んだその瞬間、彼は牙を見せて威嚇した。これは彼のフラストレーションゆえの防衛行動だ。「こんな訳のわからない犬のそばにはいられない！　あっちへゆけ！」。まるで反応の得られない犬に対して、マックスの緊張感はいよいよ高まってしまったのだ。

Chapter **4** 133

No.n025

瞬時にドロシーさんが「ストップ」と声をかけると、すぐにマックスがおとなしくなり、耳を伏せた。そして長々と攻撃行動を見せることもなかった。

これからフレンチ・ブルドッグを飼いたいと思っている人へ

　以上のエピソードから、ひとつの教訓を得られたと思う。表情が乏しいだけに、彼らはたくさんの犬と若い頃から会わせて、ぺちゃんこ顔でもできるだけニュアンスを作れるように学習する必要があるのだ。また表情がたとえ変わらなくても、それを補えるように体のあらゆる部分で、あるいは体の動きによって、相手を納得させることができるよう勉強しなければならない。それには、多くの社会化訓練が必要である。

　学習をさせないまま大きくなって、いきなり公園に連れてゆけば、フレンドリーさを見せる微妙なシグナルを出すことが出来ず、相手を誤解させてしまうだろう。そして毎回犬に会う度に、なぜか嫌われているような反応ばかり受けているわけだから、次第に「自分はいつも相手犬から嫌な目に遭う。その前に防衛しなければ、と今度は攻撃的な行動を学んでしまうことになる。

　デンマークでは、フレンチ・ブルドッグの中に攻撃的な犬がいるというのは、実はあまり珍しい話ではない。はじめにお話した通り、ブル系の子孫という理由もあるが、彼らのボディランゲージのむずかしさと、それにくわえ社会化訓練の欠乏が理由にあるのだろう。

　それから、彼らのフガフガという鼻音も、他の犬をびっくりさせてしまうことがある。これはブルドッグ、パグについてもしかり。

　逆に、短吻種を飼っていない人も、自分の犬を短吻種に会わせて、彼らの不思議なボディランゲージと奇妙な鼻音に慣らすことも、社会化訓練の一貫として大事なことだ。というか、いろいろな環境に出ることやいろいろ人に会わせることと同様に、いろいろなタイプの犬に会わせるのも環境訓練と同様で必要なのである。

フレンチ・ブルドッグのエッヴェと短吻種の心が読める犬、アスランとの会話

エッヴェ 　アスラン

No.q001

向こうからエッヴェがやって来るのを、見つめるアスラン。

No.q002

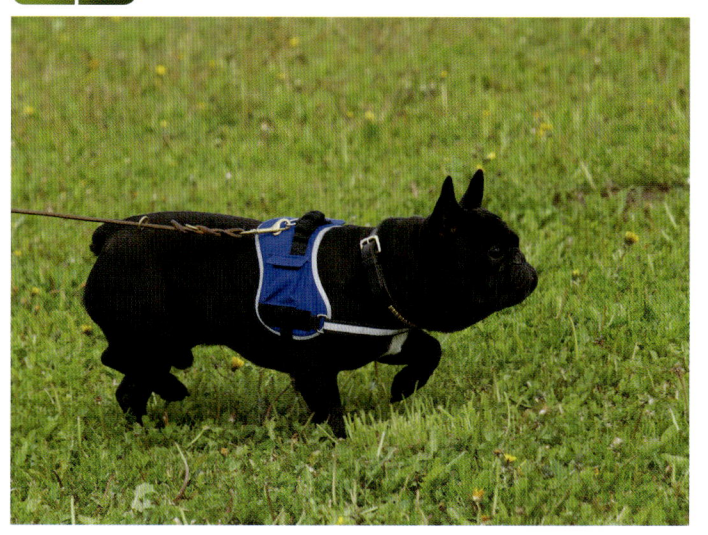

なぜこの姿勢で近づいているのか？

　エッヴェは体を低くして、まるで獲物に忍び寄るような姿勢でアスランに近づいてゆく。相手を見据えているのだ。

Chapter 4　BODY LANGUAGE
犬種による遊び方の比較シミュレーション

No.q003

体をさらに低くする。マックスの場合と異なり、彼はアスランに対してはかなり慎重に近づいている。それにしても顔に感情の表現の変化がまったくない！　やはりそこが、フレンチ・ブルドッグだ。

No.q005

相手に気を使っているアスランの表情に注目!

エッヴェに応答するアスラン。尾を高く掲げているものの、アスランはたくさんのカーミング・シグナルを出している。目を瞬いているのがその証拠だ。アスランの左の耳の根元がわずかに横に向けられているのは、私が彼に静かに話しかけているのを聞いているから。そして「いいよ」と許可の合図を出した。

No.q004

体を精一杯のばして近づこうとするが、決して慌ててはいない。下げていた頭を上げ、アスランを観察する。なぜマックスのときとは違う行動をするのか、はっきりはわからないが、マックスと異なりアスランは去勢を受けていない。つまりアスランは、オスのニオイをプンプンさせている。だから、同じくオスであるエッヴェはそれを察知して、より慎重に行動を取っているのだろう。
もうひとつ考えられる理由は、黒マスクのマックスよりも、白マスクのアスランの方が顔の表情がはっきりしている。だからエッヴェにとって、アスランのシグナルは読み取りやすい。したがって、彼はよりアスランに対して興味を見せ、面と向かって迎えられるのかもしれない。

No.q006

慎重さを解除したエッヴェは、今度は好奇心一杯の様子。アスランが興味深そうにこちらに近づいてくるからだ。写真No.q004の表情と比べてほしい。やはり顔の表情はまったく変えていない。というか、変えられないのだろう。
せめてフレンチ・ブルドッグの尾がもう少し長かったら、私は思う。そうしたら、彼はどんな風に尾で気持ちを表現していただろう。尾には様々な犬の感情が表される。コミュニケーションの中でも非常に大事な部分でもある。
何はともあれ、この状態のエッヴェについてひとつ言えるのは、今や好奇心が打ち勝ち、何もネガティブなストレスを感じていないことだ。

No.q007

口角がさらに後ろに引かれ、顔の表情がやや柔らかくなったが、同時に無関心さを装っている感情の表れとも取れる。相手が読みにくいためだと思う。彼にはもちろん何もはったりをかけたり、攻撃をしようとする意図はまったくなさそうだ。

No.q008

積極的なエッヴェ

今やエッヴェは、マックスに"話しかけ"はじめている。アスランにいよいよ興味を持ちはじめた。というも、アスランは彼にまったく敵対的なボディランゲージを見せていない、というのを理解したからだ。エッヴェのボディランゲージに、いつもの"元気よさ"が現れているところからも、わかるだろう。

No.q009

アスランに攻撃性があるか見てみよう

さて、アスランの頭がスッと下がった。視線もしっかりとエッヴェに向けられている。こんなときはちょっと「やばいかな」と思った方がいいだろう。犬の感情というのは、瞬時にしてコロコロと変わってゆくものだ。しかし両耳は開いているし、目はアーモンド状だ。尾は横に振られている。

Chapter **4** BODY LANGUAGE
犬種による遊び方の比較シミュレーション

No.q010

　一瞬リラックスしたと思ったら、写真の通りまた頭を下げた。これは、狩猟本能が現れたに見せるジェスチャーだ。エッヴェを睨みつけるほど強烈な視線ではないが、集中はしている…。次に現れる行動は、"飛びかかり"に発展しそうではないか。要注意！　瞬時にして彼のムードは変わり、いつ何時相手に向かってジャンプを試みるか分からない。ただし、まだ彼の目はアーモンド状だし、口角も後ろに引かれたまま。耳の間も開いている。

No.q011

　さらにアスランは頭を低めた。目はアーモンド状だが、耳が前向きになりはじめ、緊張感がやや高まってきている。たった一秒間の出来事だが、こうして犬は内の中に、テンションを蓄積しはじめている。犬がときおり見せる"いきなり"という行動は、決して突然のものではない。緊張が蓄積している過程を、そしてそれを示すボディランゲージを決して見逃してはいけない。

No.q012

ストップ！

あ、ヴィベケ！なに言っているんだい。僕、いい子にしているってば！

ここでカット・オフ・シグナル

　これはまずい！アスランはいずれ「ガウガウ！」と唸りだす！それを阻止するために、彼にカット・オフ・シグナルを出した。「ストップ！」。

　その途端…「あ、ヴィベケ！　なに言っているんだい。僕、いい子にしているってば！」。我に返ったような彼の表情に注目してほしい！耳は途端に横に開き、親しみ一杯の表情に変わった。

　ここですかさず褒める！これを忘れてはいけない。アスランは私の意図を理解してくれたのだから。

No.q013

　アスランのボディランゲージは、断然リラックスしたものになっているのに気づいただろうか。それは、私のカット・オフ・シグナルで、自分が何かアクションを起こさずとも、ヴィベケにこの場は任せておけばいいということを途端に理解したからである。

　私は決して、アスランを怒鳴ったり、リードを引っ張ったり、いさめるような口調で接してはいない。単に、アスランの内に積もってゆく興奮にストップをかけただけだ。積もらせると、それはいずれ爆発する。爆発の前に火を消すのに、怒鳴る必要はない。

No.q014

よ〜し、よ〜し

　アスランは自分をリラックスさせるために、私のコマンドを待つまでもなく勝手に座った。耳と唇はさらに後ろに引かれる。左耳の根元が傾けられているのは、私の声を聞いているからだ。アスランが自発的に座ろうとしてくれているので、私はすかさず「よ〜し、よ〜し」と褒めたのだ。

No.q015

　そばを通り過ぎるエッヴェに対して、アスランは敵意のないシグナルを送っている。耳の間は大きく開かれている。目はほとんど閉じるぐらいに細めて、戦う気がないことを伝えるためのカーミング・シグナルを送る。同時に、私はアスランの行いにたいして静かに褒め言葉を与えた。

　このとき、多くの飼い主は、おとなしく座っている犬に「マテ、マテ、マテ」のコマンドを繰り返すものだ。いつ何時、犬が立ち上がり、他の犬の方へ近づくか分からないと思うからだ。

　しかしコマンドを与え続ける不利な点は、第一にコマンドの意味に対して犬を混乱させてしまうこと。犬はすでに座っているのに、どうしてそこに留まること「マテ」を命令するのか。将来のコマンドの意味が薄れてくる。第二に、コマンドを出す人間の威圧的な態度が犬に伝わり、するとそれが犬に新たなる緊張感を与えてしまう。

No.q016

　エッヴェが、アスランに飛びかかろうとした。これは彼が攻撃的な行動を取ろうとしたからではない。おそらくもっとアスランに近づきたかったのだろう。なにしろ、アスランもカーミング・シグナルを出していたのだから。

　しかし、このアクションに対してアスランは、座って待っておきなさいという私の要求を聞き続けてくれた。左の耳が傾けられているは、私の言葉を聞いているからだ。そして、自分を落ち着かせるために下をペロリと出した。

Chapter **4** BODY LANGUAGE
犬種による遊び方の比較シミュレーション

No.q017

　通り過ぎるエッヴェを、座ったままのポジションで見送るアスラン。顔は至って穏やかだ。しかし、いざというときのために、私はやや犬の前側のポジションについている。もし挑発されてアスランが飛び出したら、すかさず遮れるようにという理由である。

No.q019

> ああ、面倒くさいな、この犬と関わるのは

　エッヴェが飛びかかろうとしている間のアスランの表情がこれだ。アスランは、もうエッヴェとかかわりたくないという意思を示している。目を細め、他の方向を見つめ、彼のことが視界に入っていない振りをしていると言ったらいいだろうか。「ああ、面倒くさいな、この犬と関わるのは」という困惑の気持ちは、アスランの後ろに引かれた耳にも見て取れる。この時、アスランはじっと座って、この状態が去るまで辛抱強くこらえてくれた。だから、私は彼をずっと言葉で「いい子だ、いい子だ」と静かなトーンで褒め続けた。

No.q018

　明らかにエッヴェは、マックスに対してよりもアスランに興味があるようだ。またもやアスランに向かって飛び出そうとする。ただし、これはおそらくアスランの表情が読みやすく、彼に安心感をあたえたため。さらには、マックスよりも落ち着いた態度を取っているためでもあるだろう。
　落ち着いている犬はよく他の犬に飛びかかられやすい、という点もここに述べておきたい。というのも、社会化の訓練を受けていない犬であれば、相手がおとなしくしているという点につけこもうとするからだ。これは、カーミング・シグナルを正しく理解できていないということでもある。

No.q020

　アスランのカーミング・シグナルが功を奏した。エッヴェの表情を見てほしい。今までになく、とてもリラックスして落ち着いているではないか。目に静かさが伺える。マックスもアスランも遊び好きのとても元気のよい犬だ。しかしアスランは、マックスよりも遥かに相手を「静めよう」という技に長けている。エッヴェも、自分が何度も挑戦をふっかけてもアスランは何も反応してこないことに、少しホッとしているのかもしれない。

No.q021

エッヴェも「もうこれで充分」と、この場を去りたくてトーマスさんに助けを求める。犬は、アクションを起こしたいのに自分で動けないとき、こうして飼い主の口元を舐めようとするものだ。しかし、エッヴェのような小さな犬には、当然人間の高さには到達できないのだが！

パグ　ダックスフンド

陽気に誘うパグと、遊びたくないダックスの場合

　パグは、なぜかいつも堂々とした犬です。何事にもポジティブな態度。他の犬に出会ったとき、相手を追いかけ回すというよりも、相手を遊びに誘うことに一生懸命になるタイプです。というのも、パグに出会う犬が、たいていどうしたらいいか、困惑しているケースが多いからです。それで自分が誘わずにはいられない！

　おそらく、フレンチブルと同様に、犬らしいボディランゲージが出せないことが原因になっているでしょう。マズルはつぶれているし、尾もくるりと巻かれ、上げ下げがはっきり表現できない。そして胴は短く、関節の角度があまりないために、歩き方はいつも強張っています。パグの方は犬らしいシグナルを出しているつもりですが、相手に伝わらない。そこでパグはさらに親和のシグナルを増強すべく、やたらにへりくだるか、あるいは積極的な動作を見せて（この中間はないように思えます）、己の犬の言葉遣いのハンディキャップを補おうとします。すぐに飛びかかろうとする犬も多いのは確かで、これはひとつに、フラストレーションからくるものです。自分は精一杯親和のシグナルを見せているのに、どうも相手の犬が思い通りの反応を見せてくれない…！

　フレンチ・ブルドッグと同様に、パグも子犬のときから多くの訓練をつませて、相手にわかるようなシグナルを出せるよう学習しなければいけません。

No.r001

パグは走り回って相手を遊びに誘いだすよりも、こうして相手のまわりをちょこちょこと動き回ることで気を引こうとする。しかし、このダックスフンドは、あまり乗り気ではないらしい。

Chapter **4** BODY LANGUAGE
犬種による遊び方の比較シミュレーション

No.r002

ダックスフンドは穴掘りにせいを出すことにした。しかしパグは、とても遊びたい様子だ。前脚を上げている。こんな風に後脚を開くのは、おそらく彼の体型のためだろう。胴が短く、そして丸い。膝が悪い犬も多く、なおさら脚の使い方が強張る個体もいる。

No.r003

「ねぇねぇ、こんなに一生懸命に遊びに誘っているのに、どうして？」

ふむ、このダックスフンド氏は乗り気ではないらしい。「ねぇねぇ、こんなに一生懸命に遊びに誘っているのに、どうして？」とパグ。

No.r004

「僕はパグを見ないようにしたいね。」

穴からようやく顔をあげたダックスフンドだが、パグとコンタクトをとらないよう視線を背けている。おそらくパグのボディランゲージが理解しにくく、できるだけ関わらないようにしているのだろう。「僕はパグを見ないようにしたいね」。しかしパグの方は、まだまだ遊びに誘いたいムードである。

4-6 小刻みに走る小型犬の遊び方シミュレーション

ハリー　ミッケル

小型犬の細かい動きは、大型犬の捕食本能を呼び覚ます
(シーズーのハリーとパピヨン・ミックスのミッケルの遊び)

シーズーのハリーと、パピヨン・ミックスのミッケルは大の仲良しです。ハリーはまだ1歳半の若いオス犬。ミッケルは6歳のオス犬。

彼らの見せる追いかけっこ遊びは、小型犬をドッグランに放したときによく見られるものです。ボーダー・コリーのように忍び寄る動作もなければ、マスティフ系の犬のように相手めがけてジャンプを試みたり、地面に倒して取っ組み合いも行いません。ひたすらビュンビュン走り回ります。

しかし彼らはどんなに走り回っても、飼い主の視界から消えるということはほとんどありません。やはり"膝にいる犬"としての繁殖を長く受けてきたためでしょう。飼い主のそばにいようとします。これはただしコンタクトではありません。単に彼らは、人間のそばにいると安全だと思っているからなのです。

No.s001

パピヨンのようなアクティブな小型犬が、遊びのときに見せる独特の走りだ。体を思いっきり収縮させ、まるで視覚ハウンドのよう。こんな走りは、大型犬で普通の長方形体型をした犬にはあまり見られない。もっとも、若いラブラドールなどは、たまに伸縮を効かせた走りを見せてくれるのだが！　何はともあれ、小型犬のこの思いっきり走る姿は、彼らの喜びに満ちた感情がはっきりと出ており、見ていて楽しい。

No.s002

前述したように、小型犬は取っ組み合いもあまりしないが、ただただひたすら走り続けることが多い。実は、この休みなくちょろちょろとした動きが、時に大型犬の狩猟本能をくすぐってしまうことがある。

もちろん大型犬の狩猟欲にもよる。たとえばグレート・ピレニーズやセントバーナードのような大型犬には狩猟欲はあまりないから、激しい追いかけっこはしない。

追いかけ役と追いかけられ役の交代の瞬間

No.s003

ローデシアン・リッジバックの遊び方と同様、ひとしきり追いかけっこ遊びに興じると、どちらかがブレーキをかけて一瞬止まる。そして、また追いかけっこ遊びが再開されるのだが、小型犬にはこの一旦休止状態が大型犬よりも少ないように思える。なので、常にちょろちょろ動いているように見える。追いかける役と追いかけられる役をこの急停止で変えるのだが、小型犬は追いかけながら役を変えることもある。

そして、小型犬の絶え間ない動きとその小ささが、狩猟欲の強い大型犬の"猟欲"をかき立ててしまうのだ。最初は仲良く遊んでいても、とつぜん"猟欲"にスイッチが入ってしまう。だからこそ、ドッグランでは大型犬と小型犬は一緒の囲いにいれるのは好ましくない。大型犬と小型犬はドッグランを分けるべきだ。

Chapter 4 BODY LANGUAGE
犬種による遊び方の比較シミュレーション

No.s004

No.s005

これは攻撃行動かどうかを見極める

ミッケルはまるでハリーに攻撃をかけているようだが、もちろん遊びだ。口角が後ろに引かれている。ミッケルは、生まれつきとても興奮しやすい。気持ちが高ぶっている証拠だ。

小型犬の吠えは、飼い主が助長している？

　小型犬のストレスを上げやすくしているのは、飼い主の責任であることも多い。たとえば犬らしく勇ましく吠えたり、何かを咥えて首を激しく振っていたりすると、「まぁ、小さいのに、一丁前に犬らしく振る舞うのね！　かわいい！」と犬を励ましてしまうことが多い。しかし、この動作は捕食行動で獲物を殺そうとしているのだが。よって、吠える行動などはたとえどんなに幼くても、子犬期からすぐさまカット・オフ・シグナルなどで止めるようにしなければならない。

　もっとも私は、吠えてはいけないとは言っていない。誰かが玄関に来れば、犬が吠えるのは当たり前だ。しかし、延々に吠えさせたままというのはいけない。時にはお客がやってきて、一緒にお茶を飲んでいる間中吠え続けている犬もいる！　興奮状態が続き、ストレス状態におちいる。吠えてもいいが、飼い主がストップをかければ、ただちに吠えを止めるよう訓練を入れる。それでなくとも、小型犬は吠えやすい個体が多いのだから。歴史的に、ドアベルとしての警告役を任されていたというのもひとつの理由だ。

またいつも吠えさせていると、それが唯一のコミュニケーション手段だと考えるようになる。吠えなくとも、他に自分の気持ちを表す方法があるということを、自分で学んでもらうのも必要である。

Chapter 4　143

小さなスピッツ「ポメラニアン」らしい行動シミュレーション
(番犬気質は今も健在! ダッフィとポメラニアン2頭の場合)

　小型犬種であれば2頭飼いをしている人は多いと思います。2頭でもそれはすでに、家庭で犬の群れができあがっている状態です。では自分の犬たちに、友人の犬を会わせるとどんなことが起きるのでしょう。

　シッゲとステラは一緒に飼われているポメラニアンのオスとメスです。しかし兄妹ではありません。彼らはいつも一緒、シッゲとステラは大の仲良しです。そんな彼らがはじめてダッフィに会います。彼女は、ラブラドールとボーダー・コリー、テリアのミックス。

　ここで、シッゲとステラの「群れ」は、いかにもポメラニアンらしい行動をダフィに見せました。ポメラニアンは小さい犬ですが、やはりその心はスピッツ犬種。番犬本能を今でも豊かに備えています。シッゲは何がなんでも、メスであるステラをかばうのですね。ポメラニアン独特の「番犬行動」。とにかく吠えて撃退するシッゲの武器です。かたくなに自分の仲間をガードしようとするのも、やはりこの犬種ならではかもしれません。

　ポメラニアンのようなスピッツ系の小型犬は、昔アラーム(警告を出す)犬として重宝されていました。イタリアにもポメラニアンとよく似たヴォルピノ・イタリアーノという小型スピッツがいますが、この犬も農場で「ドアベル」の変わりとして飼われていました。

　ただしポメラニアンのこの守り癖は、時に問題行動につながってしまいます。彼らにとってはそれが自然なのですが、人間としては、まわりの人や相手の飼っている犬に迷惑をかけてしまうという社会的な制約があるので、やはりなんとか処置を打たなければなりません。

　まずは、シッゲの「いかにもポメラニアン」的な行動をここで見てみましょう。何を相手犬に語っているのか、ポメラニアン・ボディランゲージを学んでみてください。同時に相手の犬(ダッフィ)がどんな風にシッゲの行動にリアクションを起こしているかも観察してください。ポメラニアンの飼い主として、あるいはよくワンワンと吠える小型犬の飼い主として、相手の犬を読めずして自分の犬をコントロールすることはできません。

No.t001

シッゲの重心に注目

　ポメラニアンのシッゲはワンワン吠えながら果敢にダッフィに向かっていく。いくら勇敢な彼でも、相手が大きいので少し圧倒されているようだ。体重が後ろにかかっている。不安であるが、ダッフィを追い払いたいのだ。そして同時に"好奇心"もあるというのが彼の心持ち。

　それに対するダッフィは、彼にカーミング・シグナルを出す。耳の間が開いている上に、後ろに引いている。そしてシッゲを直接見ないように、少し視線を外している。まともに見てしまうと、シッゲを怖がらせてしまうという配慮だ。

　何といっても、ダッフィは根がとても友好的な犬だ。誰とも仲良くしたいと願う。よって彼女は、シッゲの疑いをなんとか払拭してもらおうと一生懸命友好的なボディランゲージを示す。

Chapter 4 BODY LANGUAGE
犬種による遊び方の比較シミュレーション

No.t002

これがT字ポジション!

ダッフィの尾は高く上がっているが、彼女は性格上、尾が上がりやすい。感情が高ぶりやすいのだ。彼女にはテリアの血が入っている。優位性を誇示していると思われるが、ダッフィの顔の表情を見るとより理解が深まる。目は優しく、耳は後ろに引いている。

2頭の並び方を見てほしい。Tの字を書いたようになっているので、T字ポジションと呼ばれている。T字のどの部分に来る犬が優位か劣位かというのはよく質問されるのだが、これは状況によって判断すべし。オスが他のオスに挑戦したいと思っているとき、それからオスがメスに"いちゃつこう"としているときは、T字の縦線にくる。T字の横線に来る犬は、相手から"圧倒"される立場にあるのだ。

この場合ダッフィがT字の横線にいるが、むしろこれは、シッゲに譲歩しているというよりも、横腹を見せることによって（面と向かうよりも）、相手の「ワンワン」攻撃をなだめている。つまり、ダッフィの方が余裕を見せている。ダッフィは何とかこの「うるさい」チビさんたちと仲良くしたいと努力しているのだ。

No.t003

どうしよう！助けて。

静かに！

ダッフィは、なぜ戻ってきたのか?

ダッフィは、ほとほと困ってしまった。シッゲがなかなかダッフィの意図を理解してくれないからだ。それで「どうしよう！助けて」と私のところにやって来た。背が丸くなっており、尾は今や落ち、耳は後ろに。

シッゲはなかなか頑固だ。ダッフィのシグナルを理解しようともせず、自分の"信念"を崩さない。ダッフィを"疑うべき相手"として自分の「群れ」を守ろうとする。

こういうとき私たち人間は、犬を助けてあげなければならない。キャンキャン吠えまくるシッゲに対して、私は「静かに！」と、カット・オフ・シグナルを出した。

ポメラニアン気質

ポメラニアンは吠えやすい犬種だ。しかしそれは、吠えやすい遺伝子があるわけではなく、彼らの「何かと周りのことを心配せずにはいられない」という性格が、吠え行動を起こしている。だからこそ、「おかしい」とちょっとでも思うと、自分を防衛するために相手を撃退しようとする。その手段として吠え声を使う。逆にそれほど神経質に気にしない性格であれば、あんなに吠えて反応することもなかっただろう。

実はワンワンと吠えているシッゲの後ろには、写真では入っていないのだが、彼の大事な家族（群れ）の一員のステラが控えている。シッゲがこれほどまでに吠えるのは、ステラを守ろうとしているから。

誰かを守ろうとして吠えるのは、ポメラニアンの得意技である。"忠犬"と言えば聞こえがいい。しかし大抵の場合、彼らはそれほど忠犬を貫いているわけではない。抱いているときに、周りにやってくるありとあらゆる犬や人に対して吠えるのは、飼い主を守ってあげようとしているのではなく、たいていは自分を守ろうとする方が優先だ。だから、「こんなに小さいのに、私を守ってくれている騎士！」なんてロマンティックなことを考えずに、真剣に彼らの過剰な防衛行動について対処すべきだろう！　何といってもその守り癖は、ポメラニアン独特の「気にし過ぎ性格」から由来している。

ただし、このエピソードにおいては、シッゲはステラと自分を守ることで必死である様子が描かれている。ポメラニアンの飼い主は、彼らの守りに走りやすい性格とつき合ってゆくことに、かなりの覚悟を持つ必要があるのだ。

No.t004

私はダッフィの気持ちに応えて、彼女にやさしい言葉をかけた。するとダッフィは尾を上げた。少し自信を得たのだ。同時にマズルを上にあげて、私に親愛の情を示す。あるいは、シッゲに対しても行ったのかもしれない。なぜなら、シッゲはダッフィのシグナルによって少し強気になったのか、耳は写真No.t003より立てており、さらに前に向かっている。

No.t005

次の瞬間、ダッフィが少し自信を得て私から離れると、すかさずシッゲは彼女を追いはじめた。彼も勇気を得たのだろう。多分、ダッフィのカーミング・シグナルに安心したのか、あるいは私の存在にサポート感を覚えたのか…、どちらかわからない。

> わたし、こんなにたくさんフレンドリーなシグナルを出しているのに、どうしてそんなに警戒するのよ？　遊ぼうよ、遊ぼうよ！

No.t006

ステラを守ろうとして、立ち向かうシッゲ。しかし、ダッフィには何のことかさっぱりわからない。「わたし、こんなにたくさんフレンドリーなシグナルを出しているのに、どうしてそんなに警戒するのよ？　遊ぼうよ、遊ぼうよ！」。

ダッフィは自分の親愛の情をありとあらゆるボディランゲージで示している。耳を後ろに引き、前脚を差し出して遊びを誘う。だが、どうもシッゲには伝わっていないようだ。ポメラニアンはこのように、少し過剰に防衛心が強すぎるときがある。この部分を理解し、子犬の時から適切な社会化訓練が必要だ。さもないと、将来誰とも遊べない犬になってしまうだろう。

Chapter 4 BODY LANGUAGE
犬種による遊び方の比較シミュレーション

No.t007

（シッゲ）
「ワンワン！ワンワン！」
（ステラ）

白目を見逃してはいけない！

　ステラの表情は恐れおののいている。白目すら見えるのだ。彼女を保護しようとするシッゲ。これぞ、何かと自分の群れを守りたがるポメラニアンのオスらしい行動だ。彼の体重は後ろにかかっているところを見ると、彼もそれほど確信を持っているわけではなく、不安なのだろう。おまけに唇は長い。本当に攻撃心を貯めている犬は、もっと唇が短くなるはずだ。

　シッゲのひたすらステラをかばい、他の犬に吠えまくる行動は、果たしてポメラニアン騎士道として歓迎すべきなのか心配すべきなのか。

　実はこのポメラニアン軍団の飼い主は、私の姪である。だからよく知っているのだけど、シッゲもステラも特に社会化訓練を受けているわけではない。普段、2頭は他の犬の誰とも会わず、2頭だけの世界を築いている。

　ステラはもともと気弱で、頼りないメス犬だ。それもこれも社会化訓練の欠乏が多いに貢献している。それが、シッゲのサポートのおかげで、より頼りなさが増し依存心が強くなってしまった。もしこれほどステラの依存心が強くなければ、シッゲは彼女を守ろうと防衛心を強くすることもなく、結果ギャンギャン吠えまくる犬にならなかっただろう。

　それから、ステラのようなメスは絶対に母犬にはしてはいけない。子犬に彼女の不安さが伝わってしまう。すると子犬までが、母犬のように不安気質を持ってしまう。私の姪は、2頭を分けて一頭一頭とコンタクトを築くことをせず、いつも一緒にさせていた。だから、ステラはシッゲに依存することを学習してしまい、余計に自分独りで気丈にいることができなくなってしまったのだ。

No.t008

「シッゲがいつも私を守ってくれるもの！」
（ステラ）

守られている犬の安心感

　ダッフィが離れると、ステラはほっとした表情を見せた。前の写真ほど、おののいた目ではない。「シッゲがいつも私を守ってくれるもの！」。シッゲの後ろから、ステラは離れようとしない。

No.t009

「僕がいるから大丈夫だよ！」
（ダッフィ）
（シッゲ）（ステラ）

　さんざん吠えまくられ、ダッフィはなんとか最善をつくす。今度は知らん振りをしてみた。

　シッゲは耳と口角を後ろに引いている。ステラに対するカーミング・シグナルだろう。「僕がいるから大丈夫だよ！」。

Chapter 4　147

No.t010

> なぜ、なぜ、なぜ、君ってそんなに吠えまくるの？ 私のこの友好的なシグナル、読み取ってくれないの？

> ワンワン！ワンワン！

　ダッフィが木の根元のニオイを嗅ぎ終わって、こちらに来た途端に、シッゲはまたダッフィの前に躍り出た！　ギャンギャン吠えはじめたのだ。ダッフィは自分の横腹を見せて、彼が追いかけてくるのを止める。尾は高く上がっているが、顔がのっぺりとしている。これは彼をなだめようとしている証拠だ。ダッフィが完全に混乱しているのを、彼女の顔に見て取れるだろうか。耳は後ろに引かれている。尾の先が外に向いていることから、決してダッフィに敵意がないのがわかる。「なぜ、なぜ、なぜ、君ってそんなに吠えまくるの？　私のこの友好的なシグナル、読み取ってくれないの？」。不安になっている証拠に、ダッフィの目には白目が見える。しかしシッゲは、ダッフィに対して相変わらず怒りを見せている。

No.t011

> え、ちょっとアタシのところに来ないでちょうだいよ。

> 僕こそ、ボスだ。ダッフィ、君はいい加減にしないかね。この場を離れろ！

ダッフィ / ステラ / シッゲ

ダッフィの視線の先には…

　おやおや、今や2頭に囲まれ、余計に混乱するダッフィ。左のステラは、耳が後ろに引かれ、体を硬直させ、白目が見える。「え、ちょっとアタシのところに来ないでちょうだいよ」と、ダッフィを恐れているステラ。
　一方、シッゲは「僕こそ、ボスだ。ダッフィ、君はいい加減にしないかね。この場を離れろ」…と偉そうなことを言うものの、彼の体重は後ろにかけられており、実はどこかで逃げ腰だ。
　ここで面白いのは、ダッフィの注意がステラに向けられていること。シッゲよりも、ステラの方が断然怖がっているからだ。ダッフィは怖がっている犬に対して、自分の親しさを見せようとしている。しかし、ダッフィにとってこの状況は、そんなに楽しくないはずだ。一頭は自分を怖がり、一頭はギャンギャン吠えまくってくる…。

No.t012

> ダッフィ、いつでも来い！また吠えてやるぞ！

ダッフィのやさしさが伺える

　ダッフィは尾を低くし、体制をととのえ、耳をさらに後ろに引いて、カーミング・シグナルを強化させた。それにステラが応えたのだろう。彼女の表情が穏やかになった。耳も前に向けられた。そして、シッゲ。前の写真と、表情はまったく同じ！「ダッフィ、いつでも来い！また吠えてやるぞ」。

Chapter 4 犬種による遊び方の比較シミュレーション

No.t013

やってはいけない飼い主の行動

　これぞ小型犬の犬種の飼い主にありがちな、やってはいけない行為。シッゲとステラの飼い主は、そばに来たステラを撫でようとした。これでは、余計にステラの怖がりを増長しているようなものだ。ダッフィは何も、ポメたちに攻撃をしかけようとしているのではない。懸命に友達になろうとしているだけだ。だから、ここでこうしてポメの飼い主が自分の犬たちに介入することによって、シッゲとステラはますます自分の群れから応援を得たと"勘違い"し、よりダッフィに排他的になる。シッゲを見てほしい。飼い主が近くにいるものだから、安心して前よりも堂々とダッフィと接している。

　相手がダッフィだからよかったものの、もし好戦的な犬であれば、ポメ軍団はこのような飼い主の介入によって大変な目に合っていただろう。つまり、飼い主のサポートのおかげで大胆になり、勢いづく。よって平気で相手に歯向かっていく。それが相手の反感を買い、大ゲンカになる。

　彼らは小型犬である。相手がもし中型犬かそれ以上であれば、大ゲンカした際に簡単に傷つけられてしまうのは、別に教授の地位を持っていなくても理解ができるというものだ。困ったことに、ポメラニアンは時に自分の大きさを自覚しないようだ。だから、売られたケンカを、平気で買って出てしまう。

　このような状態では、飼い主は一所に留まっていないで、周りをうろつき続けていること。それから体をかがめて犬と接しているのも減点！　これでは、すでにある程度の圧迫感を感じている犬へ、余計プレッシャーを与えてしまう。

No.t014

飼い主の姿勢に注目

　さらに困ったことに、飼い主はステラを撫でようとする！　これもNGだ。こんなときに犬を触ると、人間の「ああ、どうしよう！」という切迫感が伝わってしまう。たとえ、犬を慰めるために撫でてもだ。それに、撫でるというのは、純粋な意味での犬言葉ではない。犬は互いに撫でないではないか。

　知らない犬同士の出会いのような切迫することもある状況では、犬に触れない！　そのかわり、「いい子だね〜」と声をかけるとか、姿勢で自分の意志を伝えること。

No.t015

ダッフィがプレイバウで、シッゲを遊びに誘おうとする。仲良くしたい一心だ。ちなみに、ダッフィの尾のおかしいこと！　彼女は、今ひとつ自分のボディランゲージの出し方を完全にコントロールしていないようだ。もう少しこの尾はリラックスしていいはずなのだが！

ダッフィは尾の動きがとても大袈裟な犬だ。ダッフィの尾は実は振られているのだが、あまりにも動きに勢いをつけすぎ！

No.t016

ステラ

これでもだめ？

シッゲ

ダッフィ

ダッフィはなぜこの姿勢に？

「これでもだめ？」。ダッフィは得意の転がり技を披露する。群れの犬を観察していると、こうして"転がる"ボディランゲージを過剰に使う"腰の低い"犬がいるので、今度探してみるといいだろう！

シッゲの顔が少しポジティブである。口角が後ろに伸び、体を前寄りにしている。ステラですら、走りはじめている！

No.t017

なんてこった！こいつときたら、今までの僕の方法がちっとも効かないじゃないか！

ね、これはどう？これでもだめ？

「ね、これはどう？　これでもだめ？」。しかし、シッゲはダッフィに向かっていく。これから吠えようとしているのだ。おそらくシッゲにとって、ダッフィはイラつかせる犬なのかもしれない。今まで、相手に向かいワンワンと吠えれば、たいてい退散していくものだ。しかしダッフィときたら、いっこうに退散しない（ダッフィのフレンドリーな性格を知っている私たちにとっては、別に驚きではないのだが！）。

「なんてこった！　こいつときたら、今までの僕の方法がちっとも効かないじゃないか！」。ステラは飼い主の足元で保護を求めている。飼い主はもっとうろうろ歩いて、ひとところに留まらないでいるべきだ。

Chapter 4 BODY LANGUAGE
犬種による遊び方の比較シミュレーション

No.t018

「もう少し静粛に！」

シッゲ　ステラ

ステラの行動の意図とは?

　ダッフィは起き上がって、風のごとくひゅーんと走り回る。それを相変わらずギャンギャンと吠えて追いかけるシッゲのところに、ステラが。ここで気づいてほしいのは、ステラがダッフィとシッゲの間に割り込んだポジションにいるということだ。そして、彼女はなんとシッゲに向かって吠えている！

　この様子をもしドッグランなどで見たとする。たいていの人は、ステラがシッゲに嫉妬をしていると思うようだ。というのも、シッゲはダッフィばかりをかまっている。

　しかし、ここまで読み進めてくだされば、真実は明らかである。シッゲがダッフィを構っているはずがない。彼は、いつまでもそばで「遊ぼう！」シグナルを出し続けるダッフィを追い払おうとしているだけだ。

　ステラは、少し不安に感じはじめたのである。シッゲがあまりにも強烈にギャンギャンダッフィに向かって吠えるので、「おまわりさん」役を買って出ているのだ。「もう少し、静粛に！」。

　こんなギャンギャンやられては、もしかしてひどいケンカに発展するかもしれない。そのときの興奮で、自分にとばっちりがきたら嫌だ。それでなんとか間に入って、静めようとしている。

No.t019

シッゲ　ステラ　ダッフィ

No.t020

こうなるとステラは、シッゲの一歩一歩の動きをなんとかしようとする。

Chapter 4　151

No.t021

噛んだ！

　次の瞬間、ステラはシッゲの尾に噛みつく。これはよくステラが見せる動作で、私は姪と共によく笑うのだが、実はステラにとっては笑いごとではない。シッゲがあまりにもギャンギャン鳴くので、ストレスを感じているのである。前述したように自分の方へ被害が飛んでくるかもしれない。それで、どうしようもなくシッゲの尾に噛みつきはじめるのだ。

No.t022

ダッフィの努力は続く

　おやおや、なせばなる！　ダッフィのメッセージは、完全ではないにしろ、なんとなくシッゲに伝わったのかもしれない。ダッフィがさらなる努力を見せてプレイバウを行うと、シッゲもプレイバウで返しているではないか！

　闘争を恐れていたがゆえに介入を続けていたステラは「あたしは、逃げるわよ」とシッゲの尾を放した。

No.t023

ポメ2頭の耳の位置に注目！

　ダッフィは飼い主のそばに行って、なぐさめてもらおうとした。一度撫でてもらうと、こうしてあくびをした。やはり彼女なりに緊張していたのに違いない。

　ポメラニアン軍団が、ダッフィの元にやってくるではないか。それも、ステラを先頭に。しかし、2頭の耳の位置の違いに気づいてほしい。シッゲは前に耳を傾けている。ステラは後ろに耳を引いている。ステラは先頭を走りながらも、シッゲの場所を常に確認しておきたいのだろう。

Chapter **4** BODY LANGUAGE
犬種による遊び方の比較シミュレーション

No.t024

ステラは少し余裕が出たのか、シッゲを離れてひとりでウロウロしはじめた。

No.t025

うぅむ、やっぱり何か不安だ。向こうから何かやってくるような？

No.t026

うわぁ！ダッフィがこちらにやってくる！

No.t027

シッゲ　ステラ

そして、飛んで逃げ、シッゲの後ろに隠れるのであった！　すると、安心してステラの耳はまた立ちはじめた。

Chapter **4** 153

このエピソードから学べること

　それは、ポメラニアンのような守る気持ちの強い犬を飼うときに、決して片方の犬をより気の強い犬の保護下に置かないことです。

　ここの例で言うと、ステラがもう少し気持ちの安定した気丈な犬だったら、ここまでシッゲの騎士道をあおることはなかったでしょう。そうであれば、シッゲももう少し静かで誰とでも付き合いやすい犬になっていたはずです。ご覧の通り、シッゲは相手を寄せ付けまいという行動に始終し、他所の犬と遊べないどころか、相手を間違えれば大変なケンカを招いてしまいます。また、シッゲのこの行動で、ステラが他の犬と遊ぶ機会を逸しているというのも事実です。「この世はシッゲだけじゃない。もっといろいろな犬たちとのおもしろい付き合いがあるんだ！」という犬らしい感覚をステラに与えてあげるのも、飼い主の"思いやり"というものです。犬のメンタルヘルスでもありますね。

　「シッゲなしでも、自分でできるんだ！」感をステラに養うためには、まず彼女だけを個別に連れ出し、多くの社会化訓練そして環境馴致訓練を行う必要があります。

　たとえ多頭飼いで暮らしていても、いざというときは単独でも犬生を心地よく生きぬく能力を各愛犬につけてあげるのは、私たちのモラルであると思うのです。なぜなら、時には、片方の犬がケガや病気をして家にいないあるいは別の部屋に隔離されることもあります。何かの事情で2頭を離さなければならないという状況は、人間に飼われている限り、いつでもあり得るわけです。その時、今まで一度も単独行動をしたことがない犬は、どれだけひどい孤独を感じ、悲しみ、苦しむことでしょう。そんなつらい孤独感を経験させないためにも、群れの各個体に、まず自立の能力を身に着けさせる必要があります。確かに、群れの仲間がお互いにサポートし合う、相手なしでは生きていけない！という考え方は美しく、理想のように思えますが、どうか皆さん現実的になってください。犬のために！

ポメラニアンを上手に飼うコツ

　ポメラニアンのような吠えやすい犬とつき合うには、子犬の頃からカット・オフ・シグナルを使って吠えるのを止めさせます。「ストップ！」と言う。びっくりして一瞬静かになった瞬間、すぐさまトリーツ、というように訓練。吠え続けさせているとそれが癖になってしまい、後から治すのがむずかしくなります。

　また、出来るならポメラニアンとの同居犬は同じ犬種ではなく、吠えやすさが少ない犬がいいでしょう。吠えやすい犬が2頭以上一緒に住んでいると、互いに助長し合い、より吠えやすくなります。

　もうひとつ。シッゲがこのように過剰に吠えてしまうのは（あるいは、ポメラニアンが過剰に吠えてしまうのは）、刺激があまりにもない生活で、うっぷんをはらすために行っていることもあります。

　ポメラニアンはあの通りとても小さくて、生涯"子犬"のようですが、それゆえに飼い主はポメラニアンを犬として扱ってあげるのをうっかり忘れてしまうのでしょう。ただし「犬」として接するというのは、厳しく怒ったり、見下すという意味ではありません。

　ポメラニアンは小型犬ですが、「犬」らしさをたくさん備えた犬。すなわち大型犬の小型版です。だから、ただ抱っこしてかわいがるだけではなく、何かメンタルワーク（ブレーンワークとも言いますね）を与えてください。簡単なオビディエンス、ドアやふたを開ける、閉める、公園でできる程度のアジリティ、嗅覚を使った遊びなどなど。どうか、彼らに犬らしい刺激と生活を与えてあげてください。さもないと暇になり、シッゲのようにやたらと吠えて日頃のうっぷんをはらそうとする犬になってしまうのです。子犬の頃からの訓練が大事です。吠えるというのが癖になる前に！

小型犬の飼い主に共通の心構え

　もうひとつ。力の弱い小型犬とはいえ（ポメラニアンに限らず）、人間の世界で調和と協調をもって暮らしていかなければなりません。となると、大型犬に対するのと同様に、彼らも一定のルールを知らなければ、当然私たちと仲良く暮らすことはできないのです。

　ただし、どうか私たちがルールを犬に押し付けているなんて、考えないでください。私たちも、犬のルールに譲歩しているはずです。一緒に生きていくもの、どちらかがどこかで譲歩して、そこに協調関係なるものが築かれるのです。

助け船を出すときは

　写真No.t013で見た通り、犬が他の犬とコミュニケーションを取っているときに飼い主が介入すると、彼らは自分たちが後ろ盾を得たと思い、より相手に"偉そう"な態度をとってしまいます。

　犬たちのやり取りが熱してきたら、私たちが間に割って入って止める必要がありますが、その時に、優勢をほこる犬の飼い主ではないことが望まれます。さもないと、犬はケンカになりそうな気配を止めるために私たちが入ってきたというよりも、自分たちに加勢するために入ってきたと思ってしまうからです。自分の犬が横柄に振るまい、相手に何かしでかすのではないか、やばい！と思ったら、誰か友人に頼んで、間に割って入ってもらいましょう！

第5章 犬を群れに慣らすレッスン

BODY LANGUAGE　　　　Chapter 5

犬たちを遊ばせたいからといって、準備も練習もなく
いきなり群れに放してはいけません。どんなことを考えて
群れデビューをさせたらいいかを、この章で探ってみましょう。

5-1 暴れん坊の若犬を群れで遊べる犬にする

マイヤ　ラムラス

傍若無人な若犬マイヤに対処する、経験ある年老いた賢者、ゴールデン・レトリーバーのラスムス。年上の犬から学べること。

犬にだって、相手とお話するときの礼儀正しい言葉遣いというものがあります。それは若い頃から社会化訓練を通して培っていかなくてはならず、さもないと相手から反感を買いケンカを売られかねません。言葉遣いを知らずにケンカを売るような攻撃的な行動をしてしまえば、相手もやはり同様にわが身を守ろうと攻撃的な態度で応対するものです。そんな経験が積み重なると、どの犬に出会ったとしても、その姿を見るやいなや、いつでも攻撃行動で対処するようになるでしょう。これがすなわち、攻撃行動を学習してしまった問題犬というわけです。決して一般に言うアルファ・シンドロームではありません。

ここで、その傲慢さが現れる兆候を、若犬のボディランゲージにて観察してみましょう。

No.u001

1歳のシベリアン・ハスキーのメス犬、マイヤ。若いのに、すでに非常に挑戦的。世界は我が物と言わんばかり。ボディランゲージにも今ひとつ謙虚さがない。それは短い口角、前かがみで体重を体の前部に置いた姿勢、立った尾に読み取ることができる。

謙虚さがないというのもひとつの理由であるが、若いだけにボディランゲージの使い方が今ひとつわかっていないのも事実である。しかし彼女の謙虚さの欠落は、相手を挑発させてしまう。このような犬は相手の反感を買いやすく、同時にケンカに巻き込まれやすいので、悪くすると問題犬になってしまうリスクは大である。

No.u002

気の強さを見せるマイヤ

尾はS字状。頭を上げて、向こうに座っているゴールデン・レトリーバーの動向を伺っている。肩部で毛を逆立てている。相手をにらみつけ、警戒をしている。マイヤの性格の強さは、さらに短くなった口角にも見て取れる。傲慢なボディランゲージではないか。

Chapter 5 BODY LANGUAGE
犬を群れに慣らすレッスン

No.u003

おっとりしたラムラス

　こちらは相手の8歳のゴールデン・レトリーバー、ラスムス。性格はゴールデンらしくおっとり。

No.u004

なぜこの不自然な走りを見せているのか？

　リードが放たれると、さっそくラスムスに向かって走って行った。というか、ピョーンピョーンとジャンプを交えて、自分を大きく見せようとした。しかし、気持ちが不安定で、それはややS字状になった尾から見て取れる。

No.u005

マイヤの足元に注目

　対面！　年配のゴールデン・レトリーバー、ラスムスはゆったりと前に進み、マイヤを受け入れる。マイヤの体がこわばっているのは、つま先で脚を硬くしながら歩いているから。自分を大きく見せようとしている。
　一方ラスムスは、体の重みをやや後ろに置いて様子を伺う。そしてこの無鉄砲なハスキーの若犬を静めようとしているのだ。ラムラスが顔をのっぺりとさせて、敵意のない静かな表情を見せているのは、相手をなだめようとしているから。

No.u006

ラスムスは体重をさらに後ろに置く。マイヤの尾はさらに高くなる。彼女のこの態度は横柄であり、好感度ゼロ。

（ラムラス／マイヤ）

比較検証　No.u007

老犬ムッレと若犬ソーファスの出会いにおける、ソーファスのボディランゲージと比較してみてほしい。写真No.u006は、状況としてはこれと同じだが、ソーファスのボディランゲージはもっと謙遜に満ちた丁寧語である。

（ムッレ【老犬】／ソーファス【若犬】）

No.u008

「こらこら、生意気娘。何もそんなに強がって見せることはないのだぞ。」

さらに逆毛が立つ

マイヤはより前かがみになり、尾は高く、とてもこわばった口唇。ラスムスは体重をやや前にかけて、ケンカする意思のないことをマイヤに理解させようとしている。さらにのっぺりとなった顔の表情に注目。ニュアンスとしては「こらこら、生意気娘。何もそんなに強がって見せることはないのだぞ」。

Chapter 5 BODY LANGUAGE
犬を群れに慣らすレッスン

No.u009

気が張っているマイヤ

　ハスキーのマイヤは首をやや傾けてラスムスの意を読もうとしているが、やはり彼女の態度は相変わらず横柄。尾は高々と掲げられている。しかし写真No. u008に比べると、背毛の逆立ち度合いが減っている。落ち着こうとしている様子が少し伺える。結局は、この経験豊かなゴールデンに比べると、マイヤはすべてがはったりに満ちた、気持ちの不安定な若犬でしかない。

　多くの人は背中の毛が逆立っているのを見ると「相手を支配したがるアルファの犬だ」「攻撃的」と思うようだが、必ずしも真実ではない。実はまだ自信を持つことができず、単に相手に強く見せようとしているにすぎないことがほとんど。ただ、マイヤの場合、逃げたり隠れたりせず、相手に面と向かって行けるだけの勇気は備えている。

　逆に自分に充分自信のある犬は、経験でわかっていたり、自分の気持ちをコントロールすることができるので、毛を逆立てることに余計なエネルギーは使わない。もし本当に心が「アルファ」で気持ちに余裕のある強い犬だったとしたら、マイヤのような好戦的なシグナルは出さない。強いと自分でわかっているから、いちいち他の犬に自分の強さを披露する必要などないのだ。

　ところで、写真No. u005からu009は2秒の間に見せた行動。たったこの間にこれだけの「はったりシグナル」を見せるのだから、マイヤは根っからの横柄な若犬。ラスムスのように経験があって物静かで自信がある犬に対面するのならともかく、他の犬であれば相手を挑発させることは間違いなく、マイヤが将来トラブルを引き起こすのは目に見えている。挑発を受ければ、当然攻撃行動を見せて対応する。よって、他の犬に出会うたびに、いちいち攻撃行動を見せるやっかいな問題犬に発展してゆく可能性は大。実際にマイヤの飼い主はその兆候をすでに読み取っており、将来を心配していた。

No.u010

マイヤに気持ちの変化が見られる

　写真No. u009から写真No. u010にかけて、マイヤはより落ち着きを見せつつある。ゴールデンのラスムスはマイヤのニオイを嗅ごうとしはじめている。ラスムスは決して背毛を逆立てたり体をこわばらせるなどして、相手に自分の優位性を示さない。自信があるため、このように相手を嗅ぐだけで自分が精神的に強くて余裕があること相手に示すことができるのだ。

No.u011

再び緊張感

…と、マイヤの背中の毛は、また急に逆立ってきた！

No.u012

生殖器を嗅ごうとするラムラスにマイヤは…

マイヤの背中の毛はさらに逆立つ。マイヤの生殖器を嗅ごうとしているところ。ラスムスの唇は堅く閉じられ、口角が短くなってきた。尾も上がってきている。しかし、顔は穏やかさを保っている。

No.u013

状況を変えようとするラムラス

相変わらず、ハスキーはこわばって背中の毛を逆立てているので、ラスムスはマイヤの不安な気持ちに応答。相手を安心させるために、この場におよんで、尾を少し低い位置でパタパタと振りはじめた。

Chapter 5　BODY LANGUAGE
犬を群れに慣らすレッスン

No.u014

マイヤの前脚に注目

　写真No. u012からu014の写真を通しで見てみると、マイヤの方にもやや友好的な態度が現れてきているのがわかる。前よりも、少しであるが尾を振りはじめている。いくら強がっていても、彼女自身の中で矛盾した気持ちが対立し、葛藤している証拠でもある。体はこわばらせて相手にはったりをかけようとしているものの、尾は尾の先だけが振られているのではなく、根元から振られている。だから親和な態度を見せたいというのもやまやまだ。そして写真No. u014では、だいぶ気持ちを緩和させて、尾の付け根の背中の毛の逆立ちがだいぶ収まってきている。

No.u015

ラムラスの表情に変化が

　とは言え、一生懸命ラスムスがカーミング・シグナルを出しているにもかかわらず、マイヤはたいして体勢をくずさず、その態度は相変わらず傲慢だ。それでラスムスはもう少し強気に出てみることにした。それは写真No. u014よりもより緊張した彼の面持ちに見て取れる。

No.u016

マイヤの後脚の
ポジションに注目

　生殖器を嗅ごうと、ラスムスが鼻を押しつけてきた。マイヤは少し謙虚な気持ちになり、嗅がせるスペースを与えようと、体を右側の後ろ脚にかけた。この行動は青春期の犬によく見られる「子犬行動」。謙虚さの表れでもある。ただし、懲りないのか、まだ尾は高々と掲げられており、強がっているのが伺える。
　以上の通りマイヤの心の中では、若犬にしては横柄な態度とそして本来若犬として持ち合わせている子犬ゆえの謙虚な態度の両方が入り乱れている。彼女は精神的にはとてもアンバランスなのだ。これは人間の若者にも通じる。強がりながら、そのくせまだ世の中のことをまるでわかっておらず、不安定さも隠し切れない。そんな心理が、マイヤの中に見出されるだろう。

互いのニオイを嗅ぎ合う

2頭で生殖器を嗅ぎ合い、お互いの個人情報をチェック。しかしこの場におよんでも、まだマイヤの尾は高々と掲げられている。が、顔がすこし緩んで、穏やかな表情になりつつあることに注目。

マイヤに受け入れ態勢が見受けられる

マイヤの態度は、だんだん謙虚になりつつある。ゴールデンが生殖器に鼻をつけると、脚をひろげ、彼に嗅がせやすいようにする。この動作を行うとき、犬としては何とも心もとないものだ。つい不安になりまた背中の毛を逆立てはじめた。若い犬というのは、常にこうしたいろいろな気持ちと感情が錯乱した状態にある。だから、ボディランゲージもこうして混乱してしまうことがしばしばなのだ。

ラムラスの気持ちの変化が現れる

今度はゴールデンの尾の付け根の毛がやや逆立ちはじめているのが見える。おそらく、マイヤがいつまでたっても緩和した状態にならず、あいかわらず背毛を逆立てていることに少しイラ立ちを感じているのだろう。

Chapter 5 犬を群れに慣らすレッスン

No.u020

ラムラスの重心を見てみよう

　ゴールデンのラスムスが生殖器から鼻をはずして、頭を上げた。するとマイヤはさらに謙虚な気持ちになり、体重を後ろにかけはじめた。耳も後ろに向けられている。しかし相変わらず、尾が高く掲げられたまま。タフさを崩したいのだが、若犬はいまひとつボディランゲージをうまくコントロールできない。そこにも心の葛藤を見て取れることができる。

No.u021

> おい、はったりもこれぐらいにして、少し和解しろよ。俺はお前とケンカして力比べをする気持ちなんざ、これっぽっちもないのだから！

ラムラスの耳の位置は何を意図するか

　後ろ脚が曲げられ、耳がさらに後ろに傾けられる。尾が心持ち下がる。でも相変わらず背毛が立ったまま！　ラスムスの耳が後ろに引かれているのは、なんとか状況を緩和させようとしているから。「おい、はったりもこれぐらいにして、少し和解しろよ。俺はお前とケンカして力比べをする気持ちなんざ、これっぽっちもないのだから！」。

No.u022

このときのマイヤの心情は

ハスキーの後ろ脚に注目。この後、もしかして遊び行動に移るかもしれない。今や、両足がやや広げられつつある。これは、かなり気持ちの緊張状態がほぐれてきた証拠。でも、やっぱり背毛が立っている。何がなんでも、毛を逆立て続けるのが、よっぽどマイヤにとっては大事なことなのかもしれない！ そんなマイヤを不思議そうに眺めるラスムス。

No.u023

「うむ、逆毛を立てたまま、君は何をするんだい。」

遊びに誘うマイヤ

これで緊張が解けた！ さっそくマイヤは遊びを誘うポーズに。それでも緊張しているのか、背の逆毛が立ったまま。ラスムスは、「ふうむ、逆毛を立てたまま、君は何をするんだい」という面持ち。

No.u024

マイヤはなぜ視線を外したのか

なんと、背毛の逆立ちが一気にとれた。写真No. u023とu024の間の時間は1秒間以内！ 犬の気持ちは数秒分の1の単位で刻々と変化をしてゆくのがボディランゲージを通して見るとわかる。マイヤがラスムスと直接のアイ・コンタクトを外して、遊びの誘いを行っていることに注目。

Chapter 5 BODY LANGUAGE
犬を群れに慣らすレッスン

No.u025

マイヤの気が変わる

　ところがまた数秒分の一の瞬間に、マイヤはムードを変えた。すくりと立ち上がり、尾を上げている。カメラの方を不思議そうに見ている。この態度の変化に、またもや不思議そうにマイヤを見つめるラスムス。

No.u026

No.u027

（ようし、じゃぁ遊ぼうじゃないか。）

今度はラムラスが遊びに誘う

　数秒の間にすぐに遊びのムードに。相変わらずマイヤの背の毛が立ったまま。これは、強がりの表れというよりも、何が動機であれ気持ちが高揚するとどうしても背毛が立ってしまうようだ。とにかくマイヤは自分のボディランゲージをコントロールできないでいる。

　彼女の前脚が開かれている。遊びのムードである。ラスムスは、逆毛を立たせながら遊びのムードを見せるマイヤにやや当惑しているものの「ようし、じゃぁ遊ぼうじゃないか」と同意を見せる。

No.u028

No.u029

遊びは続かない…

　2頭は突然止まった。というのもハスキーは尾を高々と掲げ、前かがみ。またはったりの行動をはじめたから、それに応答してゴールデンの尾がぴょんと上がる。（写真No. u028と比較）。これは決してアルファの行動ではない。単に、マイヤの習慣と思われる。遊びに興じても、すぐに

威圧の行動に出なければ気が済まないのだろう。しかし耳が後ろに引かれているので、それほど強気でもなく、やや謙譲している様子も伺える。ラスムスは、「またか」という様子。目を細くして、その場の雰囲気を和らげようとしている。

No.u030

緊張感ある瞬間

ラスムスのニオイを嗅ごうとするマイヤ。
しかしこの行為は、若者から先輩犬にはたいてい許されない。

No.u031

No.u032

再びラムラスが遊びに誘う

ラスムスは雰囲気を和らげるために、遊びの誘い行動に出た。
ここでも、マイヤの背毛がまだ尾の付け根まで逆立っていることに注目。

No.u033

ハァハァ

ハァハァ

一旦休憩

しばらくして、暑くなって2頭は立ち止まる。両犬とも今は顔の表情に余裕が出てきた。ハァハァとあえいでいる。ラスムスはもうそれほど緊張状態にいないから、尾を下げる。しかし、これを見て少し態度がまた大きくなったのか、マイヤの尾がぴんと掲げられる。マイヤは相変わらず、強さを見せたい犬なのであった。

Chapter 5 犬を群れに慣らすレッスン

No.u034

これこれ若造、僕に強がってはいかんよ。

ラムラスがマイヤを諭す

しかし次の瞬間、「これこれ若造、僕に強がってはいかんよ」とラスムスは自分の尾を心持ち上げた。

No.u035

マイヤが遊びに誘う

次の瞬間、遊びの誘いのポーズを見せたのは、マイヤであった。ラスムスの尾が上がってきたので、これ以上緊張状態を作ってはいけないと自分でも悟り、遊びの行動を取った。犬は状況を緩和させるために、よく遊びの誘いポーズを行い、遊びに興じるのだ。

No.u036

マイヤの姿勢に変化が見られる

ところがラスムスはその程度では遊びに興じず、立ったままマイヤの動向を眺めている。乗ってこないラスムスに対して、マイヤはさらにへりくだった態度に今回は出ることにした。体重を後ろに置いて、尾を下に落とした。耳も後ろに引かれている。

No.u037

ラムラスの教育

ラスムスが、優位の行動をマイヤに取っている。背のニオイを嗅いでいるところ。ハスキーの顔は穏やかに。尾が上がっているものの、リラックスしているのが見える。こうして、マイヤは年上の犬から「若犬としてとるべき正しい態度」というものを教育されたわけだ。ラスムスのような穏やかで自信のある犬は、ケンカに至らずとも、こうして若い犬を「しつける」ことができる。

No.u038

マイヤに謙虚な
言葉遣いが見えはじめる

そこでまたマイヤは遊びの行動に移りはじめた。彼の謙虚そうな表情に注目。マズルを上げて、相手を下から上に覗き込む。前脚が上げられているのにも注目。子犬行動。

No.u039

前脚を上げて
遊びに誘うマイヤ

しかし次の瞬間、またマイヤの尾が上がってきたので…。

No.u040

No.u041

> 遊びたいのなら、年相応にもっとパピーらしい行動をとらなきゃ、俺は相手にしないぞ

言葉遣いが完全ではないマイヤに、ラムラスは…

…ラスムスは満足をせず、遊びに興じない。「遊びたいのなら、年相応にもっとパピーらしい行動をとらなきゃ、俺は相手にしないぞ」。

Chapter 5 BODY LANGUAGE
犬を群れに慣らすレッスン

No.u042

No.u043

遊び終了

結局、マイヤはラスムスを完全に遊びに誘うことができず、地面のニオイを嗅ぎはじめて、気を紛らわした。

飼い主ができること

　マイヤは今なんとかしないと、将来確実に問題犬になるだろう。そんな兆候に気がついた飼い主としては、どのようなことをすればいいのか。

　まず、自分と犬との関係を改めること。マイヤの世界には、まるで何もルールが存在していないようだ。誰も枠組みを作っていないから、自分ですべてを決めることができるとマイヤは思い込んでいる。これは決してアルファ・シンドロームではない。単にけじめがない世界に生きているがために、協調するという概念が彼の中にまるで浮かんでこないだけである。

　おそらく、飼い主は、マイヤに対して普段から何もけじめや規則を設けていないのだろう。「世の中というのは、自分だけの判断ではなく、相手との協調で行動をおこしていかなくてはならない」そんなことを、訓練を通して学ばせる。ほしいものがあれば、いきなりかぶりつくのではなく許可が出るまで待つ。外に出たければ、アイ・コンタクトをしなければならない…。世の中は自分だけの規則ではなく、他人が押しつける規則にも溢れている。だからお互いに協調しなければならないのだ。

　マイヤは間違った相手に会わせれば、その横柄さによって相手から反感を買い、ケンカに巻き込まれる。だからと言って、まったくどの犬にも会わせないというのでは、社会化訓練がおろそかになるし、決して問題解決にはならない。このエピソードで見たように、ラスムスのような自信と経験に富んだ、攻撃行動に頼らない犬、そして犬の言葉遣いが上手な年配の犬に会わせる。そして必ずしも彼の「はったり」に満ちた言葉遣いで、すべて物事が解決できるわけではないことを学ぶ必要がある。同時に、飼い主は犬との関係を改めるべき訓練も進行させてゆく。

　他の犬に会わせ、もし傲慢な態度で相手に挑戦をしかけている場合、飼い主はそれを矯正することもできるが、その際は飼い主ではなく相手犬の飼い主（あるいは飼い主とはまったく関係ない別の人）が行うこと。そして犬の間に割って入って、行動を阻止する。というのも、もし飼い主がそばに来てくれると、犬は「おお、かぁちゃんが助っ人として来てくれたぞ！　ふたりであいつを撃退しれやれ！」と飼い主を応援団と勘違いして、より調子に乗ってしまうこともある。

　何はともあれ、今回のようにマイヤにとってラスムスのような穏やかでメンタル・キャパシティの高い犬に出会えたのは、教育と言う意味でラッキーであった。ラスムスでなければ、出会いはケンカに終わってしまったかもしれないし、そのことがきっかけとなって将来問題犬になってしまう可能性は大である。正しい相手犬を選ぶのは、問題犬回避のためにもとても大事なこと。その選択においても、我々の犬の言葉の知識はぜひ必要なものなのである。

5-2 群れに入れる前に強化したい一頭一頭との協調関係

愛犬を群れに慣らすためにも、他の犬を見たら吠え出すような問題行動は食い止めなくてはいけません。それには、日ごろから飼い主と犬の関係をしっかり確立させておくことが大事です。群れをコントロールするには、まずは一頭一頭との協調関係から。それを犬との街歩きでレッスンしていきましょう。同時に、散歩時はつぶさに犬の反応を伺い、観察することができる恰好のチャンス。飼い主のボディランゲージ読解力が向上するのは言うまでもありません。

なぜ散歩でレッスンをするのか

犬と散歩をするときに大切なのは、決して彼らに"安全監視役"の責任を取らせないこと。つまり、誰を追っ払うか、誰を受け入れるかの判断は、犬ではなく飼い主が行うのです。となると、どうしたら安全監視役の責任を犬に取らせないですむのでしょうか？

- ひとつは、犬から頼りにされる飼い主であることです。頼りにされていなければ、当然犬は自分でその場を守ろうとするでしょう。何しろ飼い主が守ってくれるなんて、これっぽっちも思ってないのですから。
- 次に、飼い主と愛犬との「けじめ」がしっかりできていること。やって良いこといけないことは、飼い主が決めます。さもないと犬は、勝手な判断で振る舞うことが癖になってしまうからです。

成犬の街歩きレッスン、マックスの場合

マックス

私がラブラドールのマックスの飼い主であるハイディさんに連絡を取って、今回の本作りと写真撮影のためにマックスと街を歩いてほしいと依頼をしたときです。
「え、だめよ。私の犬はあまり行儀がよくないのだもの！」
と彼女は開口一番にそう答えました。ハイディさんは、ごく平均的なデンマークの飼い主。犬が小さいときは子犬教室へ通い、若犬の頃はしつけ教室にも参加。その結果は決して模範度１００％の犬ではないのですが、そこそこによし。だからこそ、愛犬マックスもいわゆる平均的な家庭犬であるというわけ。よって、ぜひモデルとして出演してもらいたいと思ったのです。

一通り読んでくだされば分かると思うのですが、たかが散歩でも「散歩」というのは犬と人との立派なコラボレーション。お互いが多くの努力と譲歩を要します。ただダラダラと歩くのではなく、時には「質のある」散歩をしてみてください。それだけでも、あなたと犬にとっては大仕事であり、さらなる人と犬との協調関係を高めてくれるはずです。

No.v001

人に飛びつく癖

マックスは、典型的なラブラドール・レトリーバーだ。人を見ればつい飛びついてしまうのは、彼があまりにもフレンドリーだから。しかし、これは人に迷惑をかけることがあるので、ぜひともやめさせるべき癖である。
飛びついてきたら後ろを向いて犬を無視する方法（タイム・アウト）もあるが、私はマックスがコマンドを理解するのを知っているので、決して手で押したりせず、いつもハイディさんが使っている「スワレ」のシグナルを手で見せた。
ちなみに、マックスは陰茎を出して、私にマウンティングをしているような動作をしている。が、必ずしも性的な意味があるわけではない。性的な意味があっても構わないとは思うが。オス犬は知っている人に会える喜びで、気持ちが高ぶると陰茎をピョンと出してしまうのである。

Chapter 5 犬を群れに慣らすレッスン

No.v002

オスワリで気持ちを静める

マックスは座ってくれた。このときに、できるだけ背を伸ばして犬に接するのも大事だ。犬を褒めたいがために、私たちはつい体を犬に向かって前よりに曲げようとする。もし体が犬に対して覆いかぶさっていれば、犬は不安になって、座りたがらなくなる。

子犬との出会い

さて、向こうのカフェ・テラスに子犬が見えた。飼い主は横でコーヒーを飲んでいるところだ。マックスもそれを認識し、耳を後ろに引き、舌をペロリと出した。

子犬の飼い主に「近づいてもいいですか？」と許可を得て、マックスと対面。リードをつけたまま会わせるのは、私は決して勧めない。今回マックスに任せたのは、私はこの犬は絶対におかしな行動に出ないと確信があったからである。実際にマックスは、子犬に会ってもじっと見つめて凝視するようなところはまったくなかった。ただし、マックスはあまりにも子犬に会ったことに興奮しすぎて、子犬を不安にさせている。

No.v003

No.v004

犬同士のあいさつ

たとえ相手が子犬であろうと、犬というのはやはり生殖器のニオイを嗅いでオスかメスか確認する必要があるようだ。ちなみに、マックスの精一杯伸ばしている後ろ脚に注目。ここでハイディさんは、もう少しリードを緩めるべきだった。いったん子犬とコンタクトを持たせてもいいと決めたのならば、できるだけ緩く保持するべきである。リードによって引っ張られている感覚は、犬に余計な緊張感を持たせてしまう。

No.v005

マックスの行動が意味することは？

子犬の飼い主の反応は満点だ。リードを緩く握り、決して引っ張ることはない。人によっては、大きな犬に出会ったとたんに子犬を抱いて保護しようとするが、それでは飼い主の不安を犬に「伝播」させてしまう。すると犬は、出会う犬にいつも警戒をする必要があると学習してしまい、しいては攻撃的な犬にしてしまう。一番いいのは、もし相手犬がどうも攻撃的で怪しいと思えば、何気なくその相手犬から距離を遠ざけることであろう。

マックスは生殖器を嗅いだ後にようやく股間から頭をあげて、子犬の首に鼻面をあてた。マックスは、やや相手を仕切りはじめるムードに出た。子犬に「子犬らしい行動」を見せることを要求しはじめているのだ。

No.v006

子犬らしくマックスに応える

子犬は、マックスの要望に応えて、少し頭を低くした。

No.v007

調子に乗るマックス

子犬の反応にすっかり気を良くして、マックスは子犬の生殖器をもう一度嗅ごうと、押せ押せの態度を示しはじめた。これはラブラドールのオスにありがちな行動だ。

マックスは激しく尾を振っており、自分のフレンドリーな意図を見せる。その間子犬は尾を両脚の間にぴったりつけて、動かずじっと立っていた。がマックスの押しはやや強烈すぎたようだ。子犬はたじろぎ、タン・フリッキング（舌をペロペロと素早く出し入れする）を行った。マックスから身を引くがごとく一歩後退。耳は後ろに引かれ、背が丸められているのが写真に見える。ここで、マックスを子犬から離すべきであった。

Chapter 5 BODY LANGUAGE 犬を群れに慣らすレッスン

No.v008

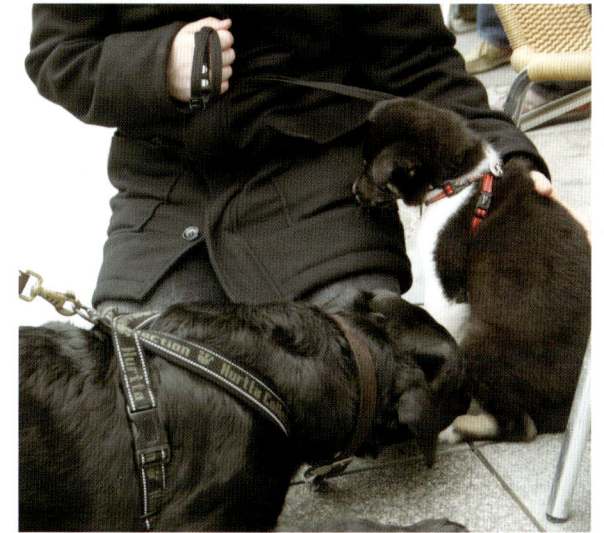

子犬のキャパシティ・オーバー

　子犬はついに飼い主の元に行った。ここが限界というものだ。たとえ自分の犬ではなくとも、子犬の将来を思いやりたい。それなら、ここでマックスの飼い主はこの場を去るべきだ。この時期の子犬には、決して嫌な体験をさせてはいけない。

　実は、マックスが子犬に会ってからここまでの経過はたったの２０秒間！つまり、会ってから１５秒ぐらいで、飼い主は、これは行き過ぎとボディランゲージから判断を下し、両犬を離さなくてはいけない。

No.v009

2頭の間に割り込む

　マックスの行動は行き過ぎた。ハイディさんが何もしないので私が割り込んだが、すでに子犬の飼い主もマックスから保護すべく手で遮っていた。このときにマックスを叱る必要はない。「ストップ！」の合図に一度も反応しないのなら、マックスと子犬の間に割り込めばいいのだ。

　マックスが今見せた行動は、多くの犬が見せる「問題行動」でもある。他の犬に会えたのがあまりにもうれしくて興奮し、つい行き過ぎた行動をとってしまう。私たちは愛犬の攻撃的な行動さえ防げればいいと考えがちだ。しかし、許可なく犬が他の犬にあいさつに行ったり、度を超えた行動をさせてはいけない。

No.v010

地面のニオイが気になるマックス

　街に出れば様々なニオイに溢れているから、犬は地面ばかり嗅いで一向に散歩が進まないときがある。一体どれだけ犬にニオイを嗅がせていいものだろう、という質問をよく受ける。中には、まったく嗅がせないという飼い主もいる。

地面を嗅いでばかりで散歩が進まないときはどうするか？

　犬は機械ではない。それに彼らは嗅覚の世界に生きる動物だ。五感を使わせていろいろな経験をさせるのは、人間だけでなく犬にもとても大事なことである。

　というわけで、私は時間制限つきで地面を嗅がせてもいいことにしている。そのときは「鼻の自由タイム」と称して、「フリー・ノーズ！」という合図を与える。しかし、人混みが激しく犬が道の邪魔になりそうな場合や、通りすがりの人を嗅ごうとしたら、すかさず「その行為をやめて他のことをしなさい」という意味であるカット・オフ・シグナルを使う。その後、きちんと横を歩かせる。しばらくしたら「私の要望を聞いてくれてありがとう。じゃあ、また嗅いでもいいわよ」とフリー・ノーズの合図を再度与える。私のニーズと犬のニーズがどちらも満たされ、互いに譲歩する。これぞ、犬と飼い主の間の協調関係というものだ。

　カット・オフ・シグナルを愛犬が理解していない場合は、「ストップ！」と言い、それから犬の前に出て体で威圧して犬の行動を止めさせる。リードをひっぱらずに、犬が理解できるボディランゲージで私たちの意図を伝えること。

No.v011

No.v012

No.v013

カット・オフ・シグナルで嗅ぐことを止めさせる

　以下の写真は、マックスが嗅ぐのにすっかり夢中になり、ハイディさんがそろそろきちんと歩きたくなってカット・オフ・シグナルを出しているシーンだ。
　一旦犬がその行動をやめたら、すかさずきびすを返してそのニオイのスポットから遠ざかること。さもないと、犬はまた誘惑に負けて嗅ぎはじめてしまうかもしれない。

繰り返し教えることについて

　嗅ぐのを止めさせたものの、わざとまたその誘惑のスポットに戻り、果たして「ノー！」コマンドを犬が理解したか、きちんと服従するかどうかを確かめる人がいる。これでは単なる犬への抑圧である。私は犬と協調関係にいたい。だから一度カット・オフ・シグナルで行動を止めさせたら、「ノー」と言わなければならない状況をできるだけ作らないよう、そのスポットからすぐに離れる。
　矯正で犬を訓練するよりも、私は犬にできるだけ「成功」する機会を与える。その成功から、こちらが何を言わんとしているのかを学習させるようにしている。
　同時に、状況によって"やっていいとき"と"いけないとき"があるのだという概念も、犬に与えたい。だから、一度私のニーズに応えてくれたらまたしばらくしてそのスポットに戻り、ニオイを嗅がすことにOKを出すのはまったく構わないと思う。

Chapter 5 　BODY LANGUAGE
犬を群れに慣らすレッスン

No.v014

漂うカフェのニオイに立ち止まる

マックスはあるカフェの前ではたと止まり、空気中のニオイをクンクンと嗅いだ。この行為自体はOKだ。しかしその後、勝手にカフェに歩かせてはいけない。

何でもことが起こる前に、先に褒めておく。ハイディさんは「よ〜し、よ〜し、いい子だね！」と声をかけた。勝手にカフェに入らないで留まっているという行為が、正しいものであることを伝えたのだ。

悪いことをしようとする直前のボディランゲージに気づけるか

大事なことは、犬がやってはいけない行為をする前にボディランゲージを読んで、それを防ぐことである。マックスの場合、やってはいけない行為をする前に耳と口角を後ろに引き、そして尾を強く振り出す。そしてリードを引っ張りはじめる。

だから、そのシグナルを見た瞬間カット・オフ・シグナルを出すか、もしくは元気よく「さぁ、行こう！」と方向を少し変えるなどをして、犬の気持ちをそらす。

No.v015

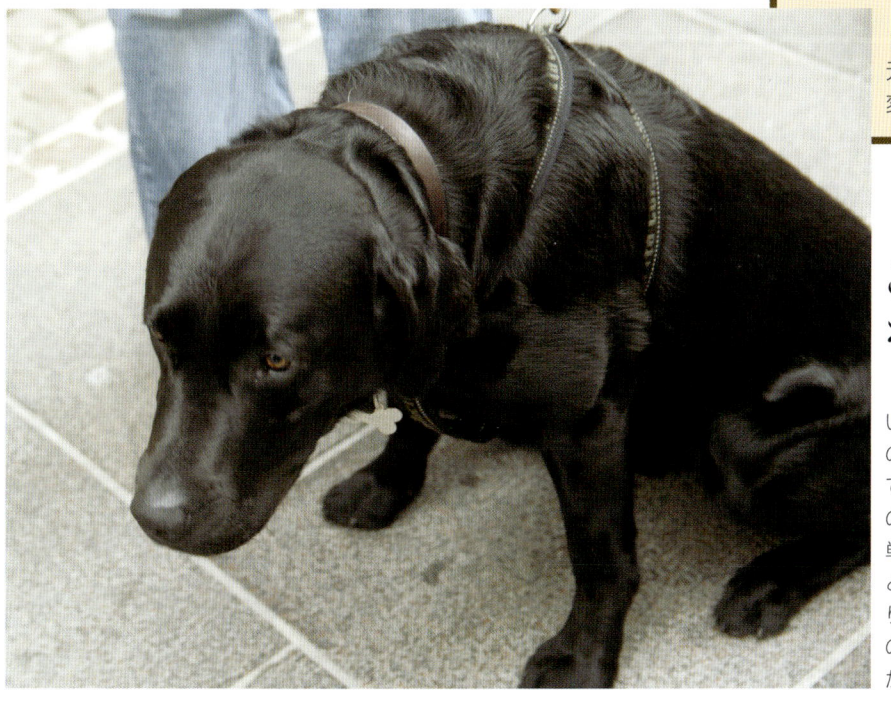

これは要注意のボディランゲージだ！

これは要注意。「うむ、あれは何だ？」という好奇心と懐疑心、心配が混ざったときのボディランゲージだ。凝視している。たいてい、向こうに何か犬にとって気になるものがある、とまず心の準備をしておくべき。単なる好奇心からくる「あれは何だろう？」という感情を示すボディランゲージと異なり、首と頭をやや下げているのが特徴だ。この写真のシーンでは、まさに向こうから犬がやって来ている。

出会った犬に飛びかかる癖はどうしたらいいのか

相手犬に対して飛びつき癖を持っている犬の場合は、向こうから犬がやってくるのが見えたらまず座らせよう。歩きながら飛びつかれても、うまく犬に「そうしてはいけないよ」と伝えることができない。座らせていたら、飼い主が予め犬の前に立ち、ボディランゲージで圧迫をして犬を後退させ、さらには褒めることができる。

もうひとつ考えたいのは、高揚した気持ちの処理方法を犬に学習させる手立てである。たとえば、向こうに犬が見えたとする。気持ちは高ぶる。このとき犬が感じる「ドキドキ」を、飛びつかせるという行動に向けるよりも、何か別の行動をしてもらうことで状況をクリアしてもらいたいのだ。しかし、他にどんな別の行動をすべきか犬は知りっこない。何しろリードで体の自由が利かないなど、なんとも不自然な状況にいるからだ。それなら、「こうすべき」とこちらが教えなければならない。

他の犬に会えば「座る」を学習した犬は、気持ちが高ぶっても、その衝動を処理するために「ここで座ればいいのだ」と安心して座ってくれる。

No.v016

街中は誘惑がいっぱい

人ごみが、流れのように押し寄せてくる！犬にとっても刺激が強く、うっかり行儀の悪いことをしてしまうのもこんなとき。だからこそ、マックスのよい行い（きちんと横をついて歩いているということ）を、私たちはきちんと観察をして気づいてあげること、気づいたら褒め言葉を与えて、その行為を強化してあげなければならない。

人ごみを、上手に歩くコツ

人ごみは決してやさしい状況ではない。褒め言葉を与えられることによって、犬は「あ、この行為ならやってもＯＫなのだ」と学習できるし、一方で、行儀の悪いことをしたときのコントラストを感じさせることもできる。「あ、この行為は、くじかれてしまった」。

きちんと歩くのが犬のするべきことというのは、人間にとっては明らかなことだが、彼らにとって自明の理ではない。ニオイを嗅いでどうして悪いのだ、拾い食いのどこがいけない、すべて犬にとっては自然の行為だ。だからこそ、人間といるときに自分がするべき行為とは何なのかを理解していれば、犬はおどおどせずに、自信を持って往来を歩けるようになる。

犬たちがなかなか言うことを聞かないのは、やってはいけないことばかり注意を受け、結局何をしたら心の安堵が得られるのかわからずにいるのである。わからない状態は心の不安をもたらし、ストレスレベルを上げてしまう。すると、余計にしてほしくないことをしでかすものだ。

No.v017

街でよくあるこのシーンを、飼い主はどうこなすか

犬を連れて歩いていると、人にもよく話しかけられるものだ。ハイディさんは、マックスとコンタクトを絶えず取っているし、同時に充分コントロールしている。責任感のある飼い主とはこのこと！　人ごみにいれば、どんな方向から他の犬や不思議な身なりをした人、子どもなどがやってきて、マックスの気持ちが飼い主からそれてしまうかもしれない。ハイディさんは、ただスワレを命じただけではなく、声でたえず励まし、しばらく座っていたらご褒美のトリーツも与えた。

マックスは、人ごみを歩くことをとても楽しんだ。耳は後ろに引き寄せられ、尾をたえず振っている。もし犬が人ごみに慣れておらずストレスを感じていると、尾が落ちてハァハァと息が荒くなるはずである。その場合は、街に出る前にもう少し環境訓練を重ねる必要がある。

Chapter 5 BODY LANGUAGE
犬を群れに慣らすレッスン

No.v018

ハイディさんの先読み行動

　ハイディさんは関節炎を患っており、実はマックスに引っ張られるのをとても恐れている。痛みが恐ろしいのだ。なので、彼女は事態が発生する前によくマックスを観察している。これはマックスがオス犬に会った瞬間だが、相手がオス犬だというのがマックスの動作ですぐにわかったという。重心は前よりで、尾を立てている。なので、その時点ですでにハイディさんは、間に割って入ろうとしている。

No.v019

マックスがそれに応える

　後ろ脚は、大きく開いている。後ろ脚が開くとき、犬は飛びかかるかあるいは逃げる寸前である。しかし、ハイディさんが間に入ったとたんに、マックスの尾が下がった。

No.v020

マックスはなぜ舌を出したのか

　これは向こうからボーダー・テリアが来たときに見せた行動だ。自分を鎮めるために、舌をペロリと出す。実は、このボーダー・テリアにおいては、マックスは自分から攻撃的な行動を見せた。オス犬に対して好戦的な行動をとるのは、マックスの悪い癖。リードで体の自由が利かなかったこと、ハイディさんの慢性の腰痛がこの日は特にひどくなっていたのを察したマックスはいつもよりも防衛的であったことなどが、今回の攻撃行動の原因と考えられる。また、マックスはこの数分前にすでに2頭の犬に出会っている。そのときの興奮が持続していたとも考えられる。ストレス・ホルモンが一旦出されると、それが元のレベルに落ちるまで数日かかるのだから、彼が今も興奮していたとしてもおかしくない。

No.v021

矛盾した飼い主の行動

　リードがあっても、犬は通常のあいさつの儀式を一通り遂行する。互いの生殖器を嗅ごうとするが、届かずリードが引っ張られる。体の自由が利かず、犬をさらに緊張状態に追いやる。犬にあいさつに行かせながら、リードでは「行くな」といわんばかり引っ張って犬の行動を規制するなんて、犬にとってもフェアではない。犬を混乱させるばかりだ。一旦あいさつをさせると決めたなら、リードをここまで張らせてはいけない。緩められていなければ。

No.v022

ボーダー・テリアに緊張感が走る

　ボーダー・テリアは、ペロリと鼻を舐めた。マックスのテンションが徐々に上がりはじめているのがわかる。

No.v023

マックスのテンションが上がる

　マックスはボーダー・テリアを嗅ぎ、すっと顔をそらした。しかし目はしっかり彼を見据えている。これは、かなりテンションが上がっている証拠だ。ここでぜひとも、両者を離した方がよかった。

Chapter 5　BODY LANGUAGE
犬を群れに慣らすレッスン

No.v024

カーミング・シグナルだ！

ボーダー・テリアは、マックスの気持ちの高ぶりに気がつき、前脚を上げた。カーミング・シグナルだ。しかし、今やこのシグナルもマックスには利かないだろう。

No.v025

飛びかかるマックス

次の瞬間、マックスは飛びかかった。写真No.v021から写真No.v025までの写真シリーズは、犬がどんな風にテンションを高めはじめ、そしていきなり相手に飛びつくのかをよく示している。私たちは犬に会わせながら「あら、互いに嗅ぎ合っているだけじゃない」とリードで行動を制御させたまま、うっかり犬たちにしたいようにさせる。そしてどちらかが突然飛びかかるのを見て、びっくりするものだ。しかしそれは決して突然の出来事ではない。犬は嗅ぎ合いながら実はどんどん緊張感を高めていた。ボディランゲージにも、それは充分示されていた。

散歩中に他の犬に出会ったら、どうするべきか

ここで私たちが学べることは、リードを付けているときに他の犬と出会った場合、以下の3つのうちのどれかひとつを選ぶこと。
1. 絶対に接触を持たせない。
2. リードを完全に緩めたまま会わせる。
3. リードをつけたまま会わせるが、互いに嗅ぎあったらすぐに離す。

No.v026

マックスが舌を出した意味は？

私たちは、再び一緒に歩きはじめた。しかし犬にとって、先ほどの興奮はなかなか冷めやらぬものだ。歩きながら舌をぺろりと出したのは、ついさっきまでの気持ちの高ぶりを自分で鎮めるためである。

Chapter 5　BODY LANGUAGE
犬を群れに慣らすレッスン

No.v027

フセの合図を無視するマックス。そこで…

　このまま行儀よく横を歩かせるのは、彼にとってはあまりにも退屈すぎる。それで、私は簡単なオビディエンス訓練をハイディさんに提案した。こうした街中でも、一か所で止まっていられることはとても大事だ。なんといっても、「フセ」は人間と共存してもらうには、とても有用な「技」。
　フセを命じる。しかし、彼はフセをしてくれなかった。こんなとき私たちは、とにかく「フセ！フセ！」と何度も命令を繰り返しがちだ。そして、今回はあきらめるか、フセを強制してしまう。しかし、ここですべきことは、フセをしなかった理由を考えることである。マックスの場合は、なぜか気が散ってしまったため。それなら状況を変えて、フセの成功に導いてあげるのが得策だ。犬は成功することで学ぶ。

No.v028

成功させる方法を見つける

　ハイディさんはマックスがフセのポジションになりやすいように、今度は自分もしゃがみ、マックスの落ち着いたところを見計らってもう一度、フセをするように伝えた。
　すると今度はちゃんとフセをした！

No.v029

気になる犬がやってきた

　フセの練習をしている最中に、後ろからボクサーがやってきた。マックスはすぐに立ち上がってしまったのだが、すかさずハイディさんはマックスにスワレを命じた。彼女は、マックスがまた立ち上がってしまうのを待つ代わりに、まだマックスがお座りをキープしている間にすかさずトリーツを与えた。たとえ数十秒間でも、忍耐強く待っていたことにご褒美を与える。この点で、マックスは飼い主とうまくコンタクトを取ったし、ハイディさんのリアクションもパーフェクトである。

第6章

世界の犬学者たちの「リーダーシップ」に関する見解

BODY LANGUAGE　　　　　　　　　　　　　　　　Chapter 6

私たちトレーナーはもちろん経験と感覚で犬たちのことについて語るわけですが、
最近、学術世界でも犬と人間の関係については多くの研究が行われています。
はたして犬は群れを作る犬なのか否か、人の群れにおけるあり方は何なのか、
それを最近の研究を元にレポートします。

文：藤田りか子

6-1 リーダーシップ論はここからはじまった

1910年代 | 群れのアルファ論が支持される

欧米では70年代の頃から、人間は群れのアルファ（リーダー）になり、犬を従わせなければならない、という考えが定着していた。元はというと、すでに戦前1910年代のドイツの軍用犬訓練士コンラード・モスのトレーニング哲学がその土台となっていた！　その後、彼の考え方は多くの犬訓練・しつけ世界に影響を与えた。

彼のアイデアの基本は「犬は絶対に人間の言うことに従うこと」。好ましくない行動を見せれば「即罰するべし」。

"なんとなく"とか"フィーリングが赴くままに"犬と接していた当時の犬の飼い主、あるいは訓練に携わる人々は、ここまで犬の扱い方が理路整然と方程式のように記載されていることに、非常に感銘を受けたと思われる。もしマニュアルなどがなければ、私たち人間というのは感情的になりがちで、必ずしも一貫性があるとは限らない。かなりいい加減なもので「時には叱る」「時には叱らない」と曖昧な方法をなんとなく実行していたはずだ。今でこそ、たくさんの犬の訓練本が溢れているが、当時ではこのはっきりとした方程式のようなマニュアルが非常に斬新であったのだろう。

ヨーロッパでも初期の軍事犬訓練は、現代の「強制訓練」の基礎となるかなりハードな方法であった。

1970年代 | パック・リーダー概念が広まる

その感動は70年代の欧米にてさらに磨きがかけられることに。アメリカのモンク・オブ・ニュースキート（ニュースキート修道僧）がオオカミの群れをモデルにして、パック・リーダーのアイデアをはっきりと世界の家庭犬界に広めた（パックとは群れのこと）。「犬を学ぶなら、まずはオオカミから学べ！」。もはやオオカミのように犬は群れで暮らさない。代わりに人間の家庭を群れとして見なして暮らしている。だからこそ、犬を人間世界のルールに従わせるには犬を下位に置かなければならない、と。

ニュースキートは「褒めるときは褒める、しかし悪いことをしたら罰する」とけじめの強さを説いた。チョーク・チェーンも使うし、身体的な体罰も与える。強制で訓練する傾向はかなり強い。

「犬はオオカミが持っていた野生の群れ生活を離れたが、代わりに一緒に住む人間の家族をひとつの群れと見なすようになった。だから飼い主は群れのリーダーになるべし！」と、ニュースキートの僧たちは説いた。この概念は世界中にあっという間に受け入れられ、現在に至る。

Chapter 6 　BODY LANGUAGE
問題犬のコンサルティング

1980年代 | ポジティブ訓練ブーム到来

　これに反対しはじめたのが、80年代終わり頃からのポジティブ訓練ブーム。主にアメリカのトレーナー群から成り立つ。テリー・ライアン、イアン・ダンバー、カーレン・プライアーらは日本でもお馴染みであり、多くの著書とセミナーによって世界的に知られている。しかしポジティブ訓練は「枠組みを作らない」とか「犬に好き放題させる」という風に、多くの飼い主よって間違って解釈されたようだ。そのためにマナーのない犬が増えたという。

　その「フニャフニャ」とした家庭犬しつけ世界にカツを入れたのが、アメリカのナショナル・ジオ・グラフィックTVでカリスマ的存在となったシーザー・ミランの訓練法で、2000年から現在に至る。彼の到来は、まさにニュースキートの再来でもあった。氏は同様に「人間は群れのリーダーとなるべし」と説いた。

2000年以降 | リーダーシップ論に疑問を投げかける

　これら各々の訓練士たちは、それぞれの成功を収めており、彼らの方法論には疑う余地がない。おそらく、彼らがやるからうまくいくのではないかと個人的には思っている。

　しかし、最近の学術研究者らが「いや、ちょっと待った！」とストップをかけているのは、これら訓練士らがよく使う「リーダー」という概念である。

　訓練方法それ自体は、それが機能しているのなら構わないのだが、使っている概念が間違っていると、間違って犬を認識してしまうかもしれない。それによって、訓練士ではない普通の飼い主が間違った態度で犬に接して、かえって関係に傷をつけてしまうのではないかと多くの専門家から指摘されている。ヴィベケももちろん、それを懸念するひとりだ。彼女は、シーザー・ミランが犬を直すということに関してはきちんと認めている。そして彼の犬に対する「毅然」と「断固」とした態度は、犬のトレーナーとしてぜひとも持つべき資質、と賛同している。だが、彼の「群れのリーダーになる」というコンセプトには今ひとつ理解がしかねる、とコメントを出している。

　世間に「リーダーシップ神話」への疑問を投げかけた初期の著者のひとりが、アメリカの生物学者レイモンド・コッピンジャー博士だ（2001年）。さらにイギリスのドッグ・トレーナーであるバリー・イートンが「Dominace: Fact or Fiction」（犬のリーダー：事実と虚構　※題名は筆者訳）をあらわし、順位制を犬と人間の関係及び訓練に適応することの間違いを指摘した（2002年）。最近ではイギリスのブリストル大学獣医学部のジョン・W・S・ブラッドショーが、オオカミや野犬などの研究から科学的な根拠を基に、その真偽についての論文を発表した（2009年）。

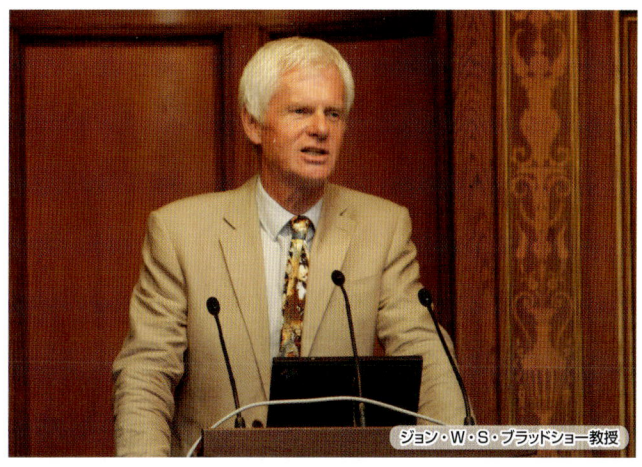

ジョン・W・S・ブラッドショー教授

ジョン・W・S・ブラッドショー教授は、家庭犬はオオカミではなく、そして囲いで飼われている家庭犬の群れにおいても、はっきりとした階級はない、と自らの研究に基づき意見を述べた。氏は「飼い主は群れのリーダーになる！」哲学に基づく犬のしつけ方法に警報を鳴らしている。間違って使われてしまうと、単なる犬への虐待になりかねないからだ。

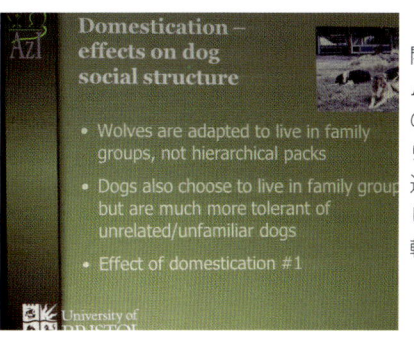

2010年ウィーンで開催された犬学フォーラムでのブラッドショー氏のプレゼンテーションから。家畜化が犬の社会構造にどういう影響を及ぼしたか、をオオカミと比較している。

6-2 犬をオオカミに置き換えて考えるのは正しいのか

リーダーシップ神話に「まった！」がかけられたのは、まず「犬はオオカミと同じ動物か、どうか」を考慮してみては、というところからはじまっている。以下に、「どうして犬をオオカミと見なしてはいけないか」専門家あるいは研究者のコメントを元に要約してみた。

オオカミに置き換えてはいけないと学者が考える理由

● 犬はオオカミとはまったく違うニッチ（＝すみか）で進化してきた動物だ。レイモンド・コッピンジャー博士が唱える犬進化説を拝借すると、本来の用心深さがあまりない人の存在に寛容な気質を持ったオオカミが、人家のまわりにやってきて発生する残飯やおこぼれを食べて生きていくようになった。ここから次第にオオカミとは生態を異にする別の犬科の動物、すなわちイエイヌに進化をしていったというものである。

● 残飯あさりのライフスタイルなら、それほどがんばって狩りをする必要はない。群れでいる利点のひとつは協調作業によって狩りを行えることだが、狩りが必要ではないのなら、当然群れを作ることにエネルギーを割く必要もない。

● 犬は群れでいても、オオカミのように決まったカップルだけが交配するわけではなく、複数が交配に参加できる。オオカミのように生まれた子犬にオスがせっせと餌を運んでくるようなこともあまりない（ただし例外も報告されている）。多くはメスに生ませっぱなし。これも群れの絆のゆるさを物語っている。

● そして最も大事なこと。犬は人間に飼われやすいよう進化した動物だ。もしオオカミのように人間をもアルファ闘争に巻き込み、飼い主に挑戦するような面倒で危険な動物だったら、とっくにペットの地位から落とされて山に捨てられているはず。オオカミを飼う才能にめぐまれた人がほんの一握りだという事実をみても明らかだ。誰にでも飼える性質を持った動物でなければ、地球規模での犬の家畜化は進まない。

● 犬は人間の存在に頼りながら進化を遂げてきた。狩猟について行って一緒に狩りができる、羊を集めて楽しい思いができるとか、そんな風にパートナーとして人間を捉えてきている。だから階級とか動物的な決まりごとは犬同士でちゃんと話し合いを済ませていて、少なくとも私たちを巻き込んでいないのではないか…。

犬の原型は、オオカミでも人を恐れない大胆で好奇心の強い気質の個体がそろそろと人里に降りてきて、残飯をあさっていたタイプではないか…？ それが次第に犬として進化した、というのが最近の犬家畜化説だ。

以前は、オオカミの子犬を人間が育て、それが徐々に犬として進化したと考えられていたが、今はこの考えは多くの科学者によって否定されている。というのも、オオカミの子犬をどんなに早く群れから引き離しても、人間の世界に順応させるのがとてもむずかしいことは、オオカミを飼っている人あるいは動物園関係者の皆が知るところである。そんな煩わしいことをしてまで、石器時代の人々はオオカミを慣らそうとしただろうか。人間がわざわざ家畜化したのではなく、オオカミが自ら自分を家畜化させた、と考える方がより現実的ではないか…？

しかし、まだ誰も、この説を完全に証明した人はいない。というわけで犬の発祥説は相変わらずミステリーのままだ。

Chapter 6 BODY LANGUAGE
問題犬のコンサルティング

こんな風に人と仲良くなれるのは、犬はオオカミではなくて、犬は犬だからこそ。家畜化という進化のおかげだ。よって、犬とオオカミはまったく別の種として扱うべき。オオカミの群れ理論を犬に適用するのはナンセンスだと、多くの学識者そしてトレーナーは同意する。

※イメージ写真

本当にオオカミは階級を持っているのか

たとえ以上の説をすべて否定して、犬をオオカミと見なしてよいとしても、「リーダー論」にはまだ疑問が残る。というのも、果たしてオオカミ自身は、本当に階級を持つ動物なのか考慮しなければいけないからだ。そこで最近、学識者の間で理解されているオオカミの群れ説を以下のように要約した。

- 野生のオオカミの群れにはアルファ・オスとアルファ・メスからなる確固とした順位制が存在するが、それは順位で成り立つメンバーの集まりというよりも、血のつながった家族そのものである。オオカミのお父さん、お母さん、そして子どもたち。これが群れのメンバーであり、両親が群れのリーダーになるのは自然の成り行きともいえる。

- いちいち攻撃行動を駆使せずとも、子オオカミたちが勝手にその2頭をリーダーと認識してくれる。リーダーシップは上の者が下の者に対して権力を見せつけるトップダウンというよりも、下から慕われて上のランクが自然に出来上がるボトムアップの産物と考えた方がいいかもしれない。

- たとえば下位のオオカミは、上位によって権威を押しつけられることなく、耳を後ろに引いて相手の口を舐めるなど、自ら進んでなだめの行動をとる。世界でもっとも有名なオオカミの研究者メック博士は、13年間にわたる野生オオカミの観察の中で、群れの優位性を競う争いは一度も見たことがないと述べている（1999年）。

- さらにブラッドショー氏は「若いオオカミがアルファに見せる行動は、順位に根ざした服従行動というよりも、むしろ親和行動と見るべき」と述べている。親和行動というのは、個体同士が他の個体と一緒になろう、あるいは他の個体と一緒にいようとする傾向のことである。だから群れが形成される。

そもそも多くの階級論は、攻撃という行動を元に語られていることに気がつかれただろうか。仲良く協調しなければならない群れであるはずなのに、なぜこれほどまで攻撃性が強調されているのか。そこには動物の行動に対する歴史的見地がある。

この"階級と攻撃"というイメージは、高校の生物の時間に学ぶ"つつきの順位"という論理で、私たちの脳裏により印象づけられることになる。1922年にノルウェーの研究者、シェルデルップ・エベによって発表されたものだ。ニワトリの観察を通して彼はつつく、つつかれる、の攻撃によって生じる順位があると唱えた。つつき順位の概念はその後、学者あるいは素人にも応用・乱用され、さらに人間社会における階級制度にも酷似していたため、順位における「攻撃性」ばかりがいやにクローズアップされてしまった。もちろん人間の性として、怒れば威厳が増すと考えたくなるのは分からないでもない。それで、人間が犬にやさしくすることによって犬は自分を優位だと見なす、怒る犬は自分をリーダーだと見なしている、あるいは自分勝手なことをする犬は優位個体、という偏った訓練思想が広まってしまった。

しかし、ニワトリのつつきの順位やオオカミの群れ社会についての説は、多くは狭い檻や囲いにて観察された結果から基づいており、必ずしも自然の状態で観察されたものではない。野生の群れの観察によると、群れ内でオオカミが攻撃性を見せることはまず稀だ。「攻撃」とはそもそも相手との距離を離す機能を持つ。アルファが怒ってばかりいたら、皆群れを離れてしまい、群れにならない。

ちなみに、野生のオオカミの群れであれば、思春期になるとオオカミは群れを出る。しかし「階級」が観察された囲いだとそれができず、権力闘争がはじまる。いじめの対象になれば、逃げ場がなく時には殺されることもある。そんなショッキングなシーンによって私たちは順位における攻撃性の役割を大袈裟に取り上げすぎてしまったのかもしれない。

順位の高い個体に強制されて服従の姿勢を見せるよりも、オオカミたちは自分から親和のシグナルを見せる方が多いという。

囲いで飼われているオオカミたちが攻撃に基づいたはっきりとした階級を見せたのは、ひとつに、彼らが母と父犬でなる家族構成ではなく、兄弟か、あるいはまったく血のつながっていないオオカミの集まりであったから。野生では、このような群れは作られない。囲いに飼われているオオカミの観察を基にして、犬の群れ構造を語るのは、間違った解釈になりかねない、と犬学者の多くは考える。ヴィベケもそのひとりだ（彼女はアメリカのオオカミ・パークでしばらく修行をしていた）。

いや、しかし、犬には順位制はある！

　以上のような意見によって、最近の欧米には極端な考え方が生まれている。つまり「オオカミの群れは家族であり、階級ではない。だから犬も階級を持たない」。この考え方に、またもや「待った！」が学術の世界でかけられているのを、ここに記したい。
　動物だって感情を持つ！を学術的に取り組んでいることで有名なマーク・ベコフ氏がそのひとりである。彼によると、そもそもリーダーあるいは「優位個体」とは、状況によって様々な定義があり、何を持って優位個体と名付けたらいいかの混乱が人々の間に存在しているということ。たとえば優位

マーク・ベコフ氏（左）

最近の怪しげな「犬の群れには階級がない！」という極端な主張に「待った」をかけている、マーク・ベコフ氏。2012年、バルセロナ開催の犬学フォーラムより、ヴィベケと共に。

群れで犬を飼っている人なら、自分たちの犬の間に誰が優位か劣位か、という順位づけが存在している、というのはうすうす感じているはずだ。ただし、状況によって誰がリーダーシップを取るかが変わることがあるので、よく観察を。第2章も参考に！

個体は、種によっては必ずしも食べ物やつがいの相手を優先的に得れる個体とは限らない。オオカミですら状況によっては下位のオオカミに先に食べさせていたり、あるいは皆で一緒に食べている。別に下位個体は、ボスが食べ終わるのを待っているわけではない。けれども、社会性を持つ生き物には何かしらの順位制が存在しているのは確かだと、氏ははっきり述べている(※1)。

この事実に気がつくのに、彼のような教授である必要はないだろう。私たち一般の飼い主ですら、群れで犬を飼っていると、彼らの間にやはりなんらかの順位制があることに気がつくはずだ。それは、この本の多頭飼いの章（2章）でも示した通りだ。

もっとも、犬は階級を持たない動物と認識することによって、飼い主と犬との関係にゆがみは出ないと思う。特にヴィベケの考えは第1章でも示している通り、人間はガイダンスの役に徹しろと説いているのだから、階級があってもなくても関係のないことである。

ただ、「犬知識人」を誇る私たち愛犬家が、安易に「犬には階級がない」などと世間に語るようなことがあってはいけないと思うのだ。犬が持つ事実について、その動物のことが好きならぜひ知る必要がある。

(※1) Social dominance is not a myth: Wolves, dogs and. (2012). Psychology Today

野犬ではどうだ？

野犬を研究するイタリア人の動物行動学者、ロベルト・ボナーリ氏のところを訪れたのは他でもない。どうしても「犬の真実」について知りたかったからだ。果たして犬に階級制度があるのか否か。

ロベルト氏はフィールド研究者であり、博士でもある。5年間、1日数時間、双眼鏡を持ってローマの郊外で野犬観察にいそしんできた。そして2年前から、野犬の社会構造についていくつかの論文を発表。氏に出会ったのは、2012年のバルセロナで開催された犬学会において。今までは、野犬にすらはっきりとした順位制がないと言われてきたのだが、彼の発表では、いや少なくともローマの郊外の野犬には、はっきりと順位制はあるということが結論された。この研究が多くの注目を浴びたのは、言うまでもない。というのも、今、犬学会でも、犬に果たして順位制はあるのかどうか、討論の的なのだ。そして野犬は唯一その答えを引き出してくれる研究材料とも言える。私自身も野犬に興味を持ったのは、彼らが人間の介入がなしに自由に生きているから。もしそんな風に犬たちが放っておかれたら、他の犬たちとどんな風にして暮らすのか、群れをなすのか、ボスを作るのか…と、はてしなく好奇心は募る。

ロベルト氏が観察をしている3つの群れのうち、1つを紹介してもらった。そこでは、メスがボスの地位についていた。彼によるとリーダーと見なすべくひとつの定義は「何かを決める。そして他の犬がそれに従ってくれる。行く方向を決めたり、やることに対してイニシアティブを取る犬たちです」。
　確かにその群れの雌犬は、リーダーの地位を握っていた。彼女がやることに対して、群れの数頭の犬たちは常にアンテナをはって観察をしている。彼女が何かに気がつけば、彼らもその方向を見る。そしてある方向へ移動すれば、同様についてゆく。ただし、群れ全体の個体がすぐにリーダーのやることに反応するのかといえば、そういうものではなく、リーダーに反応する個体の反応を見て「じゃぁ、ワシも動くか」と、多数決に負けて動く犬たちも背後に控えていた。
　「なわばり争いのときも、共に協調して戦う意志を見せる犬たちもいれば、『おれは関わりたくな〜い』と協調しない個体もいる。だから皆が皆リーダーのやることに従っているわけではないのですよ。そういうずるい個体も中にはいる。だからリーダーが犬のすべての行動を制しているという風には、考えない方がいいでしょう。しかし何かことが起これば、とにかくイニシアティブを取っているという点で、やっぱりリーダーだと認識していいと思うのですね。というのも、リーダーにつきまとうから、群れが成り立つ。もしリーダーの行くところについてゆかなかったら、群れというのは存在しなくなるでしょう」。

　イタリアには野犬が80万頭！ 社会問題ではあるが、しかしこれを利用しない手はない。ローマ在住の動物行動学博士、ロベルト・ボナーニさんは、5年に渡って、ローマ郊外で見られる野犬の社会構造とその生態を研究してきた。彼の研究結果は、学会で非常に興味を集めたのは、現在犬学者の間でも、犬とは果たしてオオカミと同じような群れを作るのか、そしてリーダーが存在するのか、というのが大討論の的となっているからだ。

野犬にも見られた「ボトムアップ」のリーダーシップ

　ロベルト氏の研究チームはリーダーとは別に優位個体の定義についておもしろい発見をした。「つい最近の研究結果です。僕たちは、ある個体からある個体への威張り散らし度（攻撃を見せるなど）、そして下位からの服従姿勢のもらい度（ある個体から舐められたり）によって、その個体の優位指数というのを計ってみたのですね。指数が高い犬ほど、優位個体である、と。結果は、威張り散らし度からは、はっきりとした階級が出てこなかった。でも、服従をよりもらえる度数を元にすると、見事に個体間で階級が表れたのですね」。おまけに、3つのうち2つの群れでは、優位個体はリーダーの役割も行っていた。

　なんと、眼から鱗とはこのことだ。もしこの研究で、攻撃性を元にしてのみ階級制を計っていたら、おそらく今までの他の研究と同様に、野犬にはこれといったはっきりとした階級はないと、結論づけられていたかもしれない。しかし、"どれだけ「親和」のシグナルをもらっているか"で調べると、それを誰よりも多くもらっている個体というのが確かに存在する。これぞ、ヴィベケと私がいつも唱えている「ボトムアップのリーダーシップ」ではないか！ リーダーは上から押しつけられて出来るものではなく、下から持ち上げられてできるもの、と（※2）。
　ロベルト氏は、さらに支配的な個体とリーダーの違いを

Chapter 6 問題犬のコンサルティング

語ってくれた。「群れには、たいてい1頭や2頭、やたらと威張り散らす個体がいるんですよ。脅してみたり、怒ってみたり。でも、それをする個体と、リーダーというのはどうも違う。なので、支配性の強い個体とリーダーというのは、別にして考えた方がいいです」。

リーダーであれば、相手を魅了しなければならないから、時に辛抱強い個体であるそうだ。犬は社会的な犬だから、結局は魅力的で誰からも好かれ、一緒についてゆきたいと思わせる個体がリーダーとなる。

しかしロベルト氏は、この観察はあくまでもこのローマ郊外の野犬の群れに関するのみのもので、ここから"すべての犬がこうだ"と一般論は引き出してはいけないと警告する。

野犬は生息地の条件によって（食べ物の得やすさ、地理的条件、テリトリーの広さ）、生きるストラテジーを実にコロコロと変えることができる動物たちだからだ。モスクワの野犬の研究でも、都市部に住む犬、郊外に住む犬、そして狩猟をして食べ物を得なければならない群れ、食べ物を誰かにもらえるとわかっている群れ、と様々な生態条件によって、群れの構造が異なっていることがわかっている。

(※2)ただし、優位性をもらっている犬を順番に並べると、それがより他の犬について来てもらっているか（すなわちリーダー性）の順位と一致するわけではない。しかし優位性が一位の個体は、リーダー性も一位、という一致が2つの群れの中で見られた。

行き過ぎた最近のリーダーシップ論

「犬には確かに順位制がある、と僕は言い切れます。中には順位制をもたない群れもあるかもしれません。しかし、順位を持てる動物であるのは確かでしょう。だからといって、たとえば犬がドアを先に出れば、自分がリーダーだと思い込む、犬が呼び戻しに答えなかったら、飼い主はリーダーと思われていない、といったような最近の『リーダーシップ論』は、大袈裟に犬のリーダー論を延長させてしまった、という観があります」。

ロベルト氏は野犬が移動をする際に、多くの例を目撃している。たとえば、確かにリーダーが先に行くものだけれども、いつもとは限らない。後ろから群れの動きをコントロールしているときもある。あるいは、時に若い犬がはしゃぎすぎて前に出過ぎたりする。もっとも、結局はリーダーが動きをコントロールして、リーダーが別の方向にゆけば、出過ぎた若い犬はすぐについてくるのだが。

「それに、群れは時々リーダーがたいてい行くところをすでに知っていたりして、必ずしもリーダーの後ろを歩く訳ではないんです」。

リーダーが移動しても、すぐにはついてこない個体もいるそうだ。しばらくして、自分が1頭になったことに気づき、重い腰をあげ「よっしゃ」と後を追いかける犬もいる。

「飼い主の呼び戻しにすぐに応答しない犬と一緒です。もちろん、それでも犬は飼い主を群れのリーダーだと思っているのかもしれません。でも、犬のリーダーに対してすら、すぐにはついてこない犬もいるのですからね。人間ならなおさら！呼び戻しにすぐに応答させるかどうか。これは学習も大いに貢献しています」。

人間の家族でだって同じだ。子どもが親に必ずしもついてくるとは限らない。でも、子どもは心の中でやはり親をリーダーとして頼りにしている。

「私たちが犬のしつけの中でリーダーシップを語るとき、あまりにもそのルールに凝り固まりすぎていることがあり、なんか偏ってしまっている。何もそんな風に応用しなくてもいいのに。それは行き過ぎだと、よく思いますよ」。

飼い主の後を犬がついてゆく。これが群れのリーダーについてゆく図と考えられているが、しかしリーダーシップ論でそれを実現させようと考えるよりも、信頼と協調関係を結び、かつ、後ろについて歩くよう学習させる。そちらの方が大事だと思える、とロベルトさん。

※イメージ写真

AFTERWORD

[あとがき]

ボディランゲージとその信憑性 そして観察の大切さ

藤田りか子[著]

　今回の本書のテーマは「群れ」、すなわち2頭以上の犬たちの行動について学ぶ、というのがテーマであった。もっとも犬のボディランゲージ解釈というのは、2頭以上の犬を観察するところから人々の関心が高まったのではないかと思う。北欧では、かなり前から（すでに80年代初め）「ドッグ・ミーティング」と名を打って知らない犬同士2頭を会わせ、そのボディランゲージを観察するコースというのが、いくつかのドッグスクールで開催されていた。コースはとても人気だ。
　そして今や、犬のボディランゲージを読み解くというのは、北欧のみならず最近の欧米犬世界におけるちょっとした最先端トレンドにもなっている。2000年に、私が住むスウェーデンの、そしてヴィベケが住むデンマークの隣国であるノルウェーのドッグトレーナー、テューリッド・ルガースが「カーミング・シグナル」という言葉と概念を犬世界に導入して、世界中の犬愛好家をあっと言わせたのが、トレンドの第一歩かもしれない。もっとも北欧諸国内ではカーミング・シグナルを「ストレス処理行動」と名付けて、以前から犬の行動を理解していたものだ。
　というわけで、北欧は犬のボディランゲージ学のメッカだ。その非言語コミュニケーションを学ぶべきドッグ・ミーティングなるセミナーを、つい最近ヴィベケと共に日本人向けに開催した。はるばる日本から12人のトレーナー志願の人々がデンマークにやってきた。今まで会ったことがない犬たちを放して、その様子と行動をビデオで撮る。あとで教室に入って、画像再生。そこで、皆でディスカッションをしながら行動を分析する。
　実際の速さで犬のミーティングを見てみると、すべてがあっという間に終わってしまい、裸眼でボディランゲージを捉えるのがとてもむずかしいことに、参加者は一同面食らった。私自身も10年以上前にドッグ・ミーティングのコースに参加して、あまりの速さに唖然としていた一人だ。この本を実現させようと決めたのは、そのときのフラストレーションからであるのは言うまでもない。本なら、一つ一つの静止した画像をシリーズで羅列することができる。
　さて、日本からの一人の参加者が「しかし、このボディランゲージの解釈にどれだけ、信憑性というものがあるんですか」と尋ねてきた。いい質問だと思う。私も常々考えていた。そこで答えたのは「解釈は、もしかして人それぞれかもしれない。かなり主観がはいっているでしょう。でも、我々の目がキャッチした犬の行動というのは真実に他ならないのでは？　それを見落とさずに観察できる能力こそが大切だと思うのです」。
　向こうにいる犬を見て、耳を引いたり、地面のニオイを嗅いだり、あるいは首をすくっと上げたり。実際にドッグ・ミーティングに参加して痛いほど思い知るのは、前述したように、たいていの場合、眼がこれらの行動を捉えられないのである。おそらく、人間の頭の中で「必要のない情報」としてフィルターにかけられてしまっているのだろう。行動に気がつくには、かなりの訓練が必要だ。
　行動は何かのモチベーションによって行われているからこそ、犬の感情世界を知る手がかりとなる。ただしそのときに何を感じているのかについて、これといった科学に基づいた証拠はなかった。
　ちょうどこの「あとがき」を書く少しまえに、アメリカの研究者、ブルームらによって犬の顔の表情を見て、どこまで人間はただしくその感情状態を言い当てられるか、という論文（*）が発表された。嬉しさ、悲しみ、恐怖、驚きなど、犬にある刺激を与えて、表情を写真に捉えた。結論は、嬉しさの表情というのは、80％以上の正解率で私たちは感情を当てるということだ。一方で、正解率の低かったのは、驚きや嫌悪感。
　人間が、犬の表情を読んで「嬉しいのだろう」「嫌がっているのだろう」と推測することに、どれだけ信憑性があるのか、を証明した初めての研究だ。ただし、この研究の仕方は、あまりにも「人間の視点」すぎると思った

ものだ。何といっても、判定に使ったのは、体部を含まない正面を向いた顔写真のみなのだ。人間のボディランゲージを当てるのなら、これでもいいかもしれないが、犬の顔の表情筋は人間ほど発達していないはずだ。それに、私はこんな方程式のようなボディランゲージ解釈は好きではない。まるで、状況が考慮されていないし、その後の犬の反応もわからない。

　私たちは、人間を見るときのように、決して顔だけで犬を見ていないはずだ。体の動きや尾の振られ方、そして頭部の位置など様々なパーツを統合して犬を読むものだ。のみならず、一瞬の「画像」ではなく、その画像の前に続いていた、あるいは後に続く、表情、動きを見て、犬の感情を理解する。ひとつの行動が、次にどんな行動に続くのか、あるいはどんな反応を相手から受けるのか。ボディランゲージを理解するには、統合的な考えが要求される。

　というわけで、犬のボディランゲージに対する解釈の科学的な信憑性というのは、まだまだ発達段階で、誰もがこれと証明しているわけではない。しかし、犬を注意深く日頃から観察していると、なんとなく経験的に「これは、もしかして飛びかかる前兆のボディランゲージだ!」というのがわかってくる。そのときにヴィベケの言うようにストップ・シグナルを出したり、犬の気持ちを逸らすことで、問題行動が身につくのを防ぐことが出来る。

　そして忘れてはならないのは、ただボディランゲージを読めればいいというのではなく、犬との信頼関係ができていなくては、本当に犬とは仲良くなれない。もちろんボディランゲージが読めれば、より犬と信頼関係が強くなるのは言うまでもない。だが、犬目線で「ママやパパといるのは楽しいなぁ」と思わせるようなことをたくさんすることによって、より一緒についてゆきたい欲(コンタクト)が強まる。ボールや嗅覚を使わせる遊びをしたりと、愛犬と常に楽しいことをする。さらに「遊び」をすることのオマケは、遊びを通して犬

藤田りか子 | Rikako Fujita

神奈川県横浜市生まれ。スウェーデン農業大学野生動物管理学科修士(M'Sc)、動物・レポーター、ライター、カメラマン。学習院大学を卒業後、オレゴン州立大学野生動物学科を経て、スウェーデン農業大学野生動物学科卒業。国内外のペット・メディアに向けて、動物行動学や海外文化についての執筆を続ける。現在スウェーデンの中部ヴェルムランド地方の森で、犬、猫、馬たちと暮らす。

　本シリーズ第一巻では編集と写真を担当、第二巻からは共著として執筆。その他の著書には『ドッグ・パラダイス』(平凡社)、『知識ゼロからのフィンランド教育』(幻冬舎)等がある。

と交わることで、犬を観察する眼が研ぎすまされてゆく。私は、最近我が家に迎えた子犬と遊びまくっているが、この遊びからコンタクトを築いているし、そして彼の私への反応、学習力、遊びのタイプ(4章を参照)など、自然に観察できるようになっている。

　遊びの中で観察していくうちに、自分の犬のボディランゲージならわかる、という読解力も発達してくるのは確かだ。それこそ、ボディランゲージの信憑性を云々する必要もなくなるだろう。犬には個々に特有なボディランゲージの癖もたくさんある。語学ではないが、一旦、自分の犬のボディランゲージを把握しだすと、他の犬たちのボディランゲージも、理解しやすくなる。解釈の信憑性など気にしなくてもいいから、とにかくどんな反応を見せたか、何に反応したのか、その観察を怠りなくすべきだ。ヴィベケも先日のセミナーで日本人参加者に口を酸っぱくして説いていた。「1にも観察、2にも観察。とにかく観察、観察!!」。ヴィベケと私のこの本には、その反応についての観察シーンが満載されている。それがこの本の一番の「強み」でもある。解釈は、ある程度慣れはじめたら、人に頼ったり、いちいち誰かに聞いて「正しいか間違っているか」の確認をとる必要はないと思う。自分の経験と観察によって犬の感情表現の解釈ができる、これをゴールとしてこの本を参考にしてくだされば、本望だ。

(*)Bloom. Tina and Friedman. H. (2013). Classifying dogs' (Canis familiaris) facial expressions from photographs. Behavioural Processes

●共著
　はじめに、第1章～第5章　／ヴィベケ・S・リーセ（著）、藤田りか子（編集・写真）
　第6章、あとがき　　　　／藤田りか子（著、写真）

●デザイン　　下井英二／HOTART

ドッグ・トレーナーに必要な「複数の犬を同時に扱う」テクニック

2013年4月30日　発　行　　　　　　　　　　　　　　NDC645.6
2022年4月1日　第2刷

著　者　Vibeke Sch. Reese
　　　　藤田りか子

発行者　小川雄一
発行所　株式会社 誠文堂新光社
　　　　〒113-0033　東京都文京区本郷3-3-11
　　　　電話03-5800-5780
　　　　https://www.seibundo-shinkosha.net/

印刷・製本　図書印刷 株式会社

©2013, Vibeke Sch. Reese , Rikako Fujita　　　　Printed in Japan

検印省略
万一乱丁・落丁本の場合はお取り換えいたします。
本書掲載記事の無断転用を禁じます。

本書のコピー、スキャン、デジタル化等の無断複製は、著作権法上での例外を除き禁じられています。本書を代行業者等の第三者に依頼してスキャンやデジタル化することは、たとえ個人や家庭内での利用であっても著作権法上認められません。

[JCOPY] <（一社）出版者著作権管理機構　委託出版物>
本書を無断で複製複写（コピー）することは、著作権法上での例外を除き、禁じられています。本書をコピーされる場合は、そのつど事前に、（一社）出版者著作権管理機構（電話 03-5244-5088／FAX 03-5244-5089／e-mail：info@jcopy.or.jp）の許諾を得てください。

ISBN978-4-416-61374-0